中国城市交通规划发展报告

（2013）

中 国 城 市 科 学 研 究 会
住房和城乡建设部城乡规划司
中 国 城 市 规 划 协 会
同济大学建筑与城市规划学院
编

中国城市出版社
·北 京·

图书在版编目（CIP）数据

中国城市交通规划发展报告．2013 / 中国城市科学研究会等编．—北京：中国城市出版社，2015.7

ISBN 978-7-5074-3039-4

Ⅰ.①中…　Ⅱ.①中…　Ⅲ.①城市规划—交通规划—研究报告—中国—2013　Ⅳ.①TU984.191

中国版本图书馆 CIP 数据核字（2015）第 174684 号

责任编辑	李　青（500007LQ@sina.com　15810132500）
装帧设计	逸品书装设计
责任技术编辑	张建军
出版发行	中国城市出版社
地　　址	北京市海淀区三里河路 9 号（邮编　100835）
网　　址	www.citypress.cn
发行部电话	(010) 63454857　63289949
发行部传真	(010) 63421417
总编室电话	(010) 58933140
总编室信箱	citypress@sina.com
经　　销	新华书店
印　　刷	北京圣夫亚美印刷有限公司
字　　数	237 千字　　印张　12.75
开　　本	787×1092（毫米）　1/16
版　　次	2016 年 3 月第 1 版
印　　次	2016 年 3 月第 1 次印刷
定　　价	58.00 元

编制单位： 中国城市科学研究会
中国城市规划协会
同济大学建筑与城市规划学院
委托单位： 住房和城乡建设部城乡规划司

编 委 会

目　录

第一章　中国城市交通规划的进展

1.0 引言

我国城市交通规划在探索和实践中走过了 2013 年，过去一年中，针对传统城镇化向新型城镇化转变带来的机遇和挑战，在城市空间布局加快调整，资源环境约束日益凸显背景下，面向交通拥堵、空气污染等日益严重等实际问题，绿色交通、综合交通、智慧交通等方面的政策、规划理念和技术皆在不断革新。

以“公交都市”为领头羊的公交优先实践、以“协调共享”为理念的区域交通规划实践、以大数据为支撑的智慧交通探索进一步深入。优化步行和自行车出行环境，减少污染物排放，管理交通需求等各项政策和措施持续推进。城市交通规划在发展和改革的契机中，正拓展新的视野，谱写新的篇章。

1.1 新型城镇化背景下的可持续交通

1.1.1 新型城镇化背景下的交通问题

改革开放以来，伴随着工业化进程加速，我国城镇化经历了一个起点低、速度快的发展过程。1978—2013 年，城镇常住人口从 1.7 亿人增加到 7.3 亿人，城镇化率从 17.9% 提升到 53.7%；城市数量从 193 个增加到 658 个，建制镇数量从 2173 个增加到 20113 个。

根据世界城镇化发展普遍规律，我国仍处于城镇化率为 30% ～ 70% 的快速发展阶段，但延续过去传统粗放的城镇化模式，会带来产业升级缓慢、资源环境恶化、社会矛盾增多等诸多风险，随着内外部环境和条件的深刻变化，城镇化进入了以提升质量为主的转型发展新阶段，更加讲求城乡互补、协调发展。

2013 年我国机动化继续保持快速增长，截至 2013 年年底，全国机动车数量突破 2.5 亿辆，其中汽车保有量 1.37 亿辆，增长 13.7%，城市交通供需矛盾日趋尖锐。

新型城镇化和快速机动化对交通系统提出了新的挑战：城镇旅客出行量快速增长；客货运需求结构发生变化，出行目的多样化、个性化需求提高；城际交通高速化、快速化通道需求增加；城市交通基础设施压力增大，特别是大城市内不同城镇组团间的大运量快速通勤的公共交通需求加大；城市过境交通比重增加；城市密集带资源日趋紧张，城市交通规划亟须新的突破。

1.1.2 综合交通成为满足新型城镇化交通需求的保障支撑

我国交通运输业的发展进入了一个重要的阶段转换期，运输系统本身越发复杂，交通运输与社会经济及资源环境的矛盾越发突出，对运输方式之间连接性、一体化以及可持续运输发展方式的要求也已经越发强烈。

2013 年 12 月，中央城镇化工作会议提出“两横三纵”的城市化战略格局，以及优化城市化布局和形态的整体思路。我国“五纵五横”的综合交通大通道与城镇化“两横三纵”的五条轴线基本吻合，能够有效覆盖“两横三纵”主体功能区规划中提出的优化开发区域和其他重点开发区域。城市综合交通运输体系趋势上需依托国家“五纵五横”综合运输大通道，加强东中部城市群对外交通骨干网络薄弱环节建设，加快西部城市群对外交通骨干网络建设，形成以铁路、高速公路为骨干，以普通国省道为基础，与民航、水路和管道共同组成的连接东西、纵贯南北的综合交通运输网络，推进跨区域互联互通，促进基础设施和公共服务设施共建共享。

构建城市群内部综合交通运输网络，在城市群内部建设以轨道交通和高速公路为骨干，以普通公路为基础，有效衔接大中小城市和小城镇的多层次快速交通运输网络。提升东部地区城市群综合交通运输一体化水平，建成以城际铁路、高速公路为主体的快速客运和大能力货运网络。推进中西部地区城市群内主要城市之间的快速铁路、高速公路建设。

同时，建设大批综合交通枢纽。依托综合交通枢纽，加强铁路、公路、民航、水运与城市轨道交通、地面公共交通等交通方式的衔接，完善集疏运系统与配送系统，进一步促进客运“零距离”换乘和货运无缝衔接。

1.1.3 智慧交通成为实现交通精细化的核心

2013 年 9 月，交通运输部办公厅下发《关于推进交通运输信息化智能化发展的指导意见》指出，信息化智能化在引领交通运输转型升级，推动交通运输现代化发展中具有非常重要的作用。

近年来，我国公开以智慧城市为发展理念的城市有北京、上海、南京、沈阳、武汉、合肥、成都、昆明、广州、深圳、佛山、宁波、无锡、昆山等，每个城市建设的侧重点有所不同。智慧城市综合解决方案的提出，需要具备多业务领域信息化的建设和管理能力，其中智慧交通是其重要的组成部分。

在国家的大力支持与推动下，国内各城市智慧交通的发展速度较快。从对运输工具的监测到基础设施的信息化建设，在加大对交通违法行为检测的同时，通过信息化手段提升交通运输管理能力和服务水平，其中包括推进交通基础设施的数字化和智能化。在这个推进发展的过程中，我国电子警察、卡口、车辆识别系统、信号灯控制、GPS 车载导航系统、智能公共交通系统、停车场管理系统、行驶记录仪、交通收费设备、交通通信设备等产品和系统功能更趋完善；RFID 等一些新技术在智能交通领域得到更为广泛的应用。重庆、武汉、南京等城市，成功地将 RFID 技术应用于路桥不停车收费系统。未来，物联网、新一代移动通信、云计算、大数据管理、下一代互联网等现代信息技术在交通运输领域的集成应用创新将越来越多，成为支撑交通系统精细化的核心。

1.1.4 绿色交通是城市可持续发展的必然要求

传统的城市交通规划在一定程度上忽略了城市交通对环境的污染状况及对资源的浪费情况，多为被动地适应交通发展的需求，鲜有起到引导交通良性发展的作用。绿色交通是一种全新的理念，旨在转变城市交通发展模式，将绿色交通作为可持续发展理念在交通领域的延伸，通过交通系统的内部整合及与外部城市发展的紧密协调，实现城市经济、社会、环境、资源的可持续发展。

作为全国第一个与国家住房和城乡建设部共建的低碳生态示范市，深圳将绿色交通作为建设低碳生态示范市的重要抓手，并按照绿色交通的发展要求，系统性地建立了包括交通出行绿色化、交通模式绿色化、交通工具绿色化和交通环境绿色化的绿色交通发展框架。

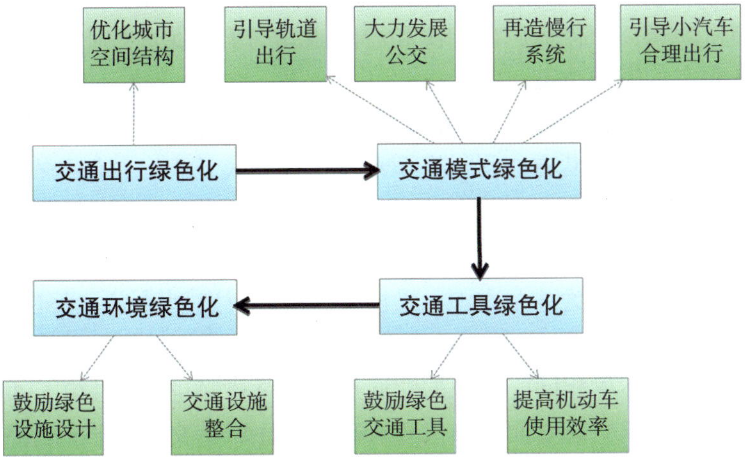

图 1–1　深圳市绿色交通发展策略框架

1.2 中国城市交通政策年度回顾

1.2.1 绿色交通

针对近年来空气污染严重，雾霾天气频发等问题，2013 年 9 月，国务院正式公布《大气污染防治行动计划》，力图通过五年努力，使全国空气质量总体改善，重污染天气较大幅度减少，京津冀、长三角、珠三角等区域空气质量明显好转。计划特别指出，京津冀地区到 2017 年细颗粒物 PM2.5 浓度要下降 25%，其中北京市细颗粒物年均浓度要控制在 60 微克 / 立方米左右。

行动计划要求加强城市交通管理；优化城市功能和布局规划；推广智能交通管理；缓解城市交通拥堵；实施公交优先战略，提高公共交通出行比例。北京、上海、广州等特大城市要严格限制机动车保有量。通过鼓励绿色出行、增加使用成本等措施，降低机动车使用强度。

此外，行动计划要求加快淘汰黄标车和老旧车辆。采取划定禁行区域、经济补偿等方式，逐步淘汰黄标车和老旧车辆。到 2015 年基本淘汰京津冀、长三角、珠三角等区域内的 500 万辆黄标车。到 2017 年，基本淘汰全国范围的黄标车。北京、上海、广州等城市每年新增或更新的公交车中新能源和清洁燃料车的比率达到 60% 以上。

为响应国家号召，落实《大气污染防治行动计划》，北京市针对自身特点，也制定了《北京市 2013—2017 年清洁空气行动计划》，提出了机动车结构调整减排工程，要求大力发展公共交通，不断严格新车排放和油品供应标准，加快淘汰高排放老旧机动车，积极推广新能源和清洁能源汽车，促进行业机动车结构调整和污染减排并完善管理政策。

在资源利用方面，国务院于 2013 年 12 月公布《全国资源型城市可持续发展规划（2013—2020）》，共有 262 个资源型城市被列入其中，它们分布在全国除了京、津、沪三市以外的所有省、自治区、直辖市。这是我国首次制定关于资源型城市的国家级规划，也是新一届政府以国务院文件发布的第一个专项规划，规划将 262 个资源型城市分为 4 个类型：成长型城市、成熟型城市、衰退型城市、再生型城市。不同类型城市的资源开发处于不同阶段，经济社会发展水平差异较大，面临的矛盾和问题不尽相同，未来的交通规划思路势必也将产生相应变化。

在步行和自行车交通方面，中央政府高度关注城市交通面临的绿色出行比例下降，出行环境持续恶化的趋势。2013 年 9 月国务院发布《关于加强城市基础设施建设的意见》，明确指出："城市交通要树立行人优先的理念"，应"加强城市步行和自行车交通系统建设”。同年 12 月，住房和城乡建设部正式印发《城市步行和自行车交通系统规划设计导则》，以指导各城市正确开展步行和自行车交通系统规划建设工作。

1.2.2 公共交通

公共交通相关政策越发细化，落向实处。继 2012 年 10 月，国务院常务会议通过了《关于城市优先发展公共交通的指导意见》(国发〔2012〕64 号)之后，全国城市纷纷响应，公交优先在 2013 年全面进入实施落实阶段。

其中，珠海市公示了《珠海市公共交通系统规划》，规划提出，到 2020 年，珠海要建设有轨电车 4 条，出租车运力达到 6000 台。天津市出台《关于发展公共交通优化出行环境的措施》，提出将试点建设公共自行车服务网点 300 个，投入自行车 6500 辆。拉萨公布《关于优先发展城市公共交通的意见》，针对现存的公交问题，提出 2015 年基本实现中心城区公共交通站点 500 米全覆盖，城市公共交通车辆进场率达到 50% 以上，准点率达到 90% 以上的目标。广州市就《2013—2016 年公共交通发展行动方案》征求意见，明确至 2016 年年末，实现中心城区公共交通出行方式占机动化出行比率达 70%，建成国内领先、科学发展的“公交都市”体系。

由中国土木工程学会城轨委员会等单位编写的 2013 年《中国城市轨道交通年度报告》统计，全国已批准了 36 个城市的轨道交通线网规划和建设，总里程达 5790 公里。在国务院 9 月发布的《关于加强城市基础设施建设的意见》中，鼓励有条件的城市按照“量力而行、有序发展”的原则，推进地铁、轻轨等城市轨道交通系统建设，发挥地铁等作为公共交通的骨干作用，带动城市公共交通和相关产业发展。到 2015 年，全国轨道交通新增运营里程 1000 公里。同时积极发展大容量地面公共交通，加快调度中心、停车场、保养场、首末站以及中途站的建设。

1.2.3 城市交通体系完善

2013 年 3 月，国家发改委印发《促进综合交通枢纽发展的指导意见》，指出促进综合交通枢纽发展，是提高交通运输整体效率和服务水平、降低物流成本的有效途径，是优化运输结构、实现交通运输战略转型的迫切需要，是集约利用资源、节能环保的客观要求。对解决现阶段我国综合交通枢纽规划设计不统一、建设时序不同步、运营管理不协调、方式衔接不顺畅等问题，构建便捷、安全、高效的综合交通运输体系，支撑国民经济和社会发展，方便广大人民群众出行，提升国家竞争力具有战略意义。交通规划需要促进各种运输方式在区域间、城市间、城乡间、城市内的有效衔接，以提高枢纽运营效率、实现各种运输方式在综合交通枢纽上的便捷换乘、高效换装，为构建综合交通运输体系奠定坚实基础。

2013 年 8 月，《上海市交通发展白皮书》公示，白皮书进行了 20 个交通专题和 5 个专项调查，是上海市推进交通发展的指导性文件。目前全国已有多个城市编制并颁布了交通白皮书，将长远发展战略和政策与近期交通计划相结合，为城市交通发展提供了良好的指引。

2013 年 9 月，国家发改委发布《全国物流园区发展规划》，规划将物流园区布局城市分为三级，确定一级物流园区布局城市 29 个，二级物流园区布局城市 70 个。明确指出物流园区规划需要与综合交通体系和运输网络相配套，依托主要港口、铁路物流中心、公路货运枢纽、枢纽机场及主要口岸，具有交通区位优势，便于发展多式联运。有利于物流业与综合交通体系协调发展。

2013 年 9 月，工业和信息化部印发《信息化发展规划》，开展城市智能交通试点示范，鼓励有条件的城市建设城市智能交通系统，实现对车辆、道路、泊位等交通信息的精确采集、及时发布与共享，提高调度管理智能化水平。

2013 年 10 月，交通运输部发布了《关于加强交通运输标准化工作的意见》。要求到 2020 年，基本形成覆盖交通运输各领域的标准体系，明确了十项重点工作，包括统筹规划交通运输标准体系，建立综合运输标准体系，建立绿色交通标准体系等。标准化工作的进行势必对城市交通规划产生深远影响。

1.3 城市交通规划的发展

1.3.1 创建“公交都市”的公交优先规划进一步深入

2012 年年末，在全国城市公共交通工作会议上批准了 14 个“公交都市”，分别是北京、重庆、济南、南京、石家庄、武汉、长沙、大连、哈尔滨、西安、郑州、太原、乌鲁木齐、昆明，加上此前获批的深圳，全国共有 15 个城市跻身“公交都市”行列。2013 年，“公交都市”建设大幕已然拉开，北京、深圳、武汉、郑州等城市率先推出有针对性的公交优先落实试点方案，提升公共交通站点覆盖率，增强公交服务水平，吸引出行者选择公共出行方式。

武汉市通过《武汉市国家“公交都市”试点城市建设实施方案》，指出到 2017 年，武汉市公交出行分担率将达到 60% 以上，基本实现中心城区公共交通站点 500 米全覆盖，公共汽（电）车发车准点率 95%。具体建设上，公共交通层面，武汉市 6 年内将新建 15 条地铁、5 年内新增 3 ～ 5 条过江轮渡；非机动车交通层面，

2015 年前，武汉将在主城区新建或改建 638 公里自行车通道。

2013 年 9 月，由交通运输部组织的公交都市创建工作推进座谈会在西安召开，交通运输部决定对公交都市创建城市给予政策支持。具体包括：一、支持创建城市加快建设城市综合客运枢纽。二、支持创建城市加快建设城市智能公交系统。三、支持创建城市加快建设城市快速公交运行监测系统。四、支持创建城市推广应用清洁能源公交车辆。这些政策的出台，对于城市公共交通在枢纽（停车、换乘）、智能化应用、BRT 运行监测系统、节能减排等方面都会掀起一场革命，未来，以“公交都市”为领头羊的公交优先实践将越来越深入。

表 1–1　武汉市 6 年内将新建 15 条地铁

线路名	起点	终点	建设时间
2 号线北延线	宏图大道	天河机场	2014—2017
5 号线	武汉火车站	青菱	2016—2020
7 号线西段	野芷湖	纸纺东站	2015—2019
8 号线二期	梨园	野芷湖	2017—2020
21 号线	新荣	阳逻	2014—2019
11 号线东段	武昌火车站	左岭	2014—2019
11 号线西段	新汉阳火车站	蔡甸	2016—2019
9 号线一期	植物园路	汤逊湖	2017—2020
9 号线支线	中南民族大学	湖北工业大学	2017—2020
19 号线一期	高新大道	高新五路	2017—2020
10 号线东段	武汉火车站	阳逻	2017—2020
1 号线径河延线	金山大道	径河	2018—2019
2 号线南延线	流芳	藏龙岛	2014—2018
4 号线西延线	黄金口	新汉阳火车站	2015—2017
8 号线北延线	三金潭车辆段	汉口北	2018—2020

1.3.2 强调“协调共享”的区域交通规划理念和技术越发成熟

由于受到产业经济组织关系变革的影响，按照传统的行政边界构建的规划框架已经被逐步打破，以区域一体协调为基准的网络构建成为新形势下交通规划所追寻的目标。

新一轮的重庆市城市总体深化始于 2013 年，在重庆市城市定位由过去的“超大尺度山地城市”调整为本轮“省域构架下的国家中心城市”前提下，从城市的角度思考重庆所处地区的区域交通问题，规划认为航空是重庆融入世界网络的首

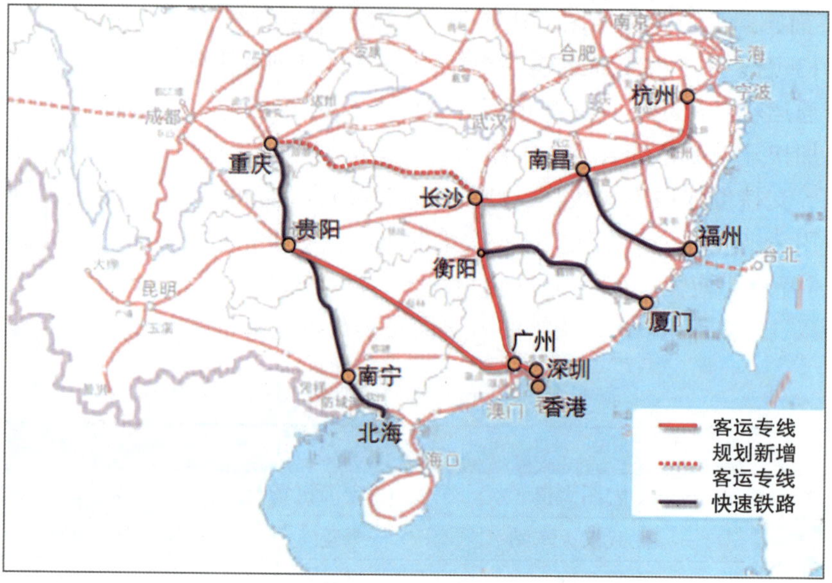

图 1–2　重庆面向东部沿海地区建设快速铁路通道

要方式，并进一步地认为加强物流运输应是重庆机场国际化的重要途径，应从成渝一体化的角度差异化布局国家航点；强调要强化以重庆市为中心的运输通道，构筑重庆对外交通的九大综合运输通道，在铁路网络规划中建议建设渝长客专，这清晰地指明成渝地区建立区域级联系的首要方向应为经济发达的东部沿海地区。

同时，重庆新一轮总规深化提出增强国家及区域运输通道对区域中心城市及城镇发展带的服务，立足市域，均衡布局和建设综合交通枢纽。立足市域，重构重庆大物流发展平台，凸显重庆在川渝、渝黔一体化发展中的区域物流和产业体系组织中心功能。以重庆市主城区为中心构建引领区域一体化的交通网络，形成以重庆市为中心的区域商务活动出行圈。

贵安新区于 2013 年开始编制核心区城市综合交通规划，规划强调以贵安新区一体化发展和贵阳市区域综合交通枢纽完善为指导，构建与新区功能定位相匹配的现代化的新区综合交通系统，支撑、引导核心区的发展，发挥新区的区域辐射带动能力；在核心区内建立具有新区特色和先进理念，便捷、畅通、可持续发展的新区综合交通系统，强化与贵阳主城区的交通衔接，形成同城化发展。

在北京市与河北省签署的《2013—2015 年合作框架协议》中提到，北京和河北在 3 年内要尽快完成京张铁路、京沈客运专线可研批复等相关工作，在重大基础设施共建共享等领域加强合作。双方将开展轻轨合作项目前期论证研究，综合考虑、积极推进利用轻轨、城际铁路和市郊铁路等多种形式逐步解决北京与三河燕郊等地的轨道交通问题。充分体现了“协调共享”的理念。

1.3.3 智慧手段和大数据在交通规划中应用初探

城镇化、信息化快速发展的时代，利用海量、多源的大数据环境，支撑城市规划的焦点问题量化分析，辅助交通规划辅助决策，是当前重要的发展方向。交通大数据的开发利用，不仅会推进智能交通更加快速地发展，也将为公众提供更加便捷、高效、绿色、安全的出行环境。随着信息技术的不断发展，交通数据的采集手段不断更新，来源不断丰富，应用领域也不断拓宽。

表 1–2　交通数据来源

数据类型	采集方式	采集技术
静态	统计调查	人工技术、抽样调查等
动态	定点采集	感应线圈、红外检测、微波检测、超声波检测、激光检测、视频检测等
	动态采集	GPS 定位、手机定位等
	其他	公交 IC 卡数据、停车场管理数据、遥感数据等

交通大数据为交通规划提供了新的角度，例如手机作为一种理想的交通探测器，为居民出行信息分析提供了很好的技术选择。将手机数据映射至交通分析单元，并经信息预处理、匹配分析、交通模型分析处理、数据去噪、扩样等一系列海量数据运算处理，最终可获得居民出行特征数据。利用长期历史手机话单数据，可分析常住人口和就业人口分布、通勤出行特征、大区间 OD、特定区域出行特征、流动人口出行特征等，图 1–3 基于手机数据反映了上海居住人口和工作人口空间分布。

1.3.4 交通需求管理政策重视程度进一步提升

城市的交通供给是有限的，用有限的供给来满足无限的交通需求是不现实的，在交通需求激增的背景下，交通需求管理措施将更加受到重视。

截至 2013 年年底，北京的汽车保有量超过 530 万辆、上海则超过 262 万辆，广州也已突破 250 万辆，国内各大城市汽车增长进入爆发期，主要交通节点经常发生较为严重的交通拥堵，机动车尾气排放成为主要污染源之一。2013 年 12 月，天津宣布实施“限购 + 限行”，成为继北京、贵阳、上海、广州之后的第五个实行小客车总量调控管理的城市。

还有很多未采取“限牌”措施的城市汽车保有量非常惊人：全国有 29 个城市

a）

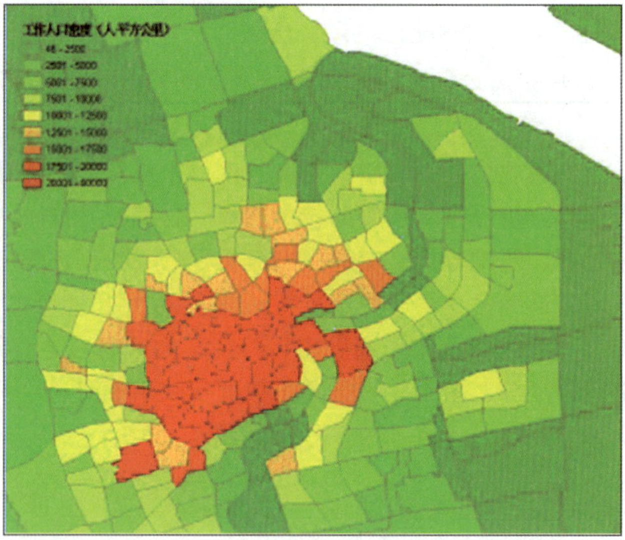

b）

图 1–3　上海市中心城居住人口和工作人口空间分布

的汽车保有量超过百万辆，北京、天津、成都、深圳、上海、广州、苏州、杭州 8 个城市超过 200 万辆。当下，大多城市选择“限行”作为交通需求管理的长期政策，2013 年年末，河北保定、甘肃兰州等城市也加入了限行行列，这一趋势表明二、三线城市在跟随一线城市，采用小汽车限制措施缓解交通问题。

此外，在 2013 年 8 月公示的《上海市交通发展白皮书（公示稿）》首次提出，适时出台长期在沪使用的外省市号牌机动车管理、区域或通道拥挤收费等政策。表明未来的需求管理政策或将趋向多样化。

1.3.5 城际铁路、市郊铁路与新型城镇化

高速铁路在产业和人口转移方面有巨大引领作用，高铁站点地区往往是人流、物流、信息流和资金流汇集的城市郊域，围绕该区域有利于打造城乡融合、产业带动的新兴城镇，城际铁路作为高铁的重要组成，其最大特色在于公交化运营、相对短距离，能够高效引导和促进各种要素的流动与交换；市郊铁路主要建设目标为构建大城市城际轨道交通通勤圈，有利于快速沟通城市中心区与周边城镇，推进城乡一体化，北京 S 线、上海金山铁路支线已在这方面做了良好尝试。在国内推进新型城镇化而中小城市和小城镇发展迟缓的背景下，充分借助城际铁路、市郊铁路的优势对加快其站点地区的城镇建设非常有意义。

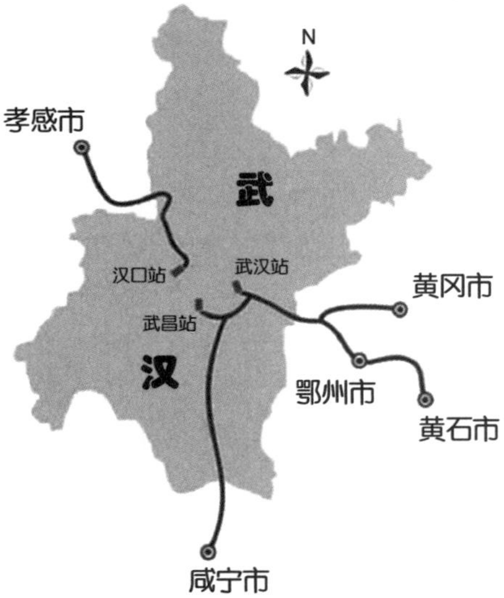

图 1–4　武汉城市圈城际铁路示意图

从 2008 年 8 月 1 日，我国第一条严格意义上的高铁，京津城际铁路通车运营以来，我国高铁快速发展，截至 2013 年年底，我国高铁通车里程达到 1.1 万余千米，“四纵”干线基本成型，高铁运营里程约占世界高铁运营里程的 45%，稳居世界榜首。我国已开通的城际铁路包括京津城际铁路、昌九城际铁路、沪宁城际高速铁路、柳南城际铁路，2013 年 12 月 28 日，时速达 250km/h 的武咸城际铁路开通，开启了湖北铁路的城际时代，当四条城际铁路建成时，孝感、黄冈、黄石和咸宁等城市与武汉市之间将构建成“半小时铁路圈”。

目前，武汉城市圈首个城镇化试点项目——贺胜桥站，也已启动建设。依托该地区得天独厚的区位优势及立体联运交通系统，这里将建成“生态文明＋红色文化”为主题的旅游小镇。借助于城际铁路这一交通载体，武汉城市圈将迎来快速发展的局面，人口集聚以及城市体系的形成和完善将有利于武汉建设国家中心城市和湖北建成促进中部地区崛起重要战略支点。

第二章　城市交通政策

2.1 城市交通发展白皮书政策

2.1.1《白皮书》地位与作用

一、《白皮书》的地位

《白皮书》是将长远的交通发展战略、政策和近期的交通行动计划进行充分结合，通过政府的名义编制和颁布的一份指导城市交通发展的综合性政策文本。

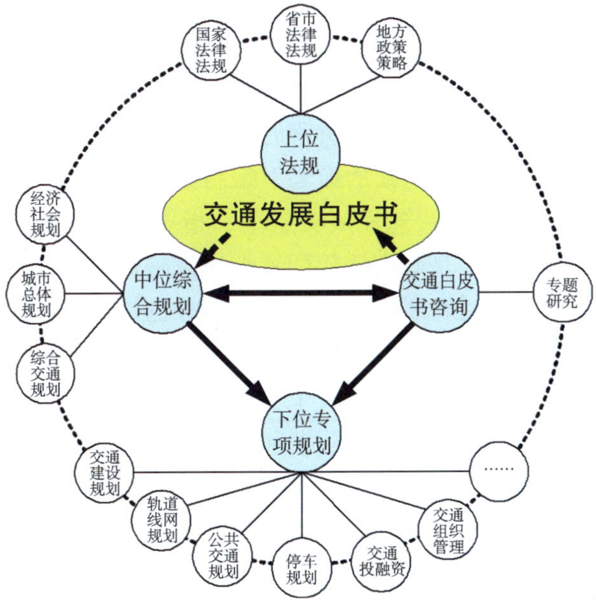

图 2–1 《白皮书》的性质与地位

在城市规划体系中，《白皮书》一般介于上位法规、规范与中位综合规划、技术性专业规划之间。上位法规、规范是国家和省、市层面确定的强制性规定，起到总体监督和控制的作用，但由于面向的范围往往包括全国所有城市，难以体现城市个性特征；而总规综合规划、交通专业规划重点面向交通基础设施的建设和运行，重在确定交通基础设施的规划布局方案的研究，强调方案技术层面的科学性和可操作性，同时由于部门体制原因，这些规划还暴露出不同专业间统筹不够、衔接不畅的弊端。因此，可以看出，对于特定的城市来说，往往都缺少一个能够总体指导和整体统筹、保障城市交通规划、建设、运行和管理的专业政策性文件，在衔接上位法规规范和中位综合交通规划、交通专业规划的同时，体现特定城市交通发展的个性特征和需求。

因此，对于城市交通规划体系的完善，上位法规(国家法律法规、省市法律法规、地方行政法规)与交通专项规划之间以《白皮书》作为政策性文件，对城市、区域交通发展的宏观政策以及交通体系综合发展规划和计划进行表述与宣示。通过《白皮书》制定城市交通战略目标、重大政策与行动纲领，进一步保障综合交通规划与专项规划的实施。

二、《白皮书》的作用

目前，伦敦、东京等世界级大城市都拥有自己的交通发展白皮书，美国的各大城市则是采用交通法案的形式，新加坡、中国香港等地区和城市也都以白皮书形式对各自的交通发展进行了战略规划。国内的北京、上海、南京、佛山也在近年交通问题日趋严重的形势下先后编制和颁布了交通白皮书(或“交通发展纲要”)。从这些特大型城市的经验中不难得出，编制交通白皮书是城市规模发展到一定阶段，交通问题影响到城市发展进程时，政府的一项必然举措。

在当前复杂、多变、发展迅猛的形势下编制《白皮书》更具有特殊的意义：

(1)《白皮书》是城市化快速发展背景下，指导城市交通规划、建设、经营和管理的综合性政策文件，是政府统筹配置交通设施资源、理顺交通管理体制与机制、推进和保障城市交通发展的总体纲领，同时也是政府对广大市民的承诺。

(2)《白皮书》不是部门、行业规划的简单汇总，而是在市委、市政府统一领导下全面规划和统筹协调的结果，其中核心和关键是政府对城市、区域交通发展的宏观政策以及交通体系综合发展规划和计划。

(3)《白皮书》将明确城市交通发展的总体目标、战略任务和重大政策，交通基础设施的总体布局、投资导向和行动纲领，交通体制改革、法制建设、综合管理等一系列指导方针和政策策略。

(4)《白皮书》将为城市交通发展厘清思路、指明方向、统一认识，对今后一段时期城市交通发展的科学决策、有序建设和可持续发展具有至关重要的意义。

2.1.2 白皮书的组织模式与工作流程

一、组织模式

《白皮书》是政府、人大等决策机构在交通发展方面意志的统一，是政府职能部门多方面利益权衡、协调统筹的结果，是国家力量在城市建设与城市交通发展方面意志的表现。政府在整个《白皮书》的编制实施过程中占有举足轻重的地位，发挥着不可替代的作用。政府在《白皮书》编制与实施过程中的主导作用主要表现在以下几个方面：

（1）《白皮书》编制的过程必须由政府一手推动，政府意志占绝对主导，由国内、国际的技术力量共同一手策划的，由社会、舆论多方面阶层共同参与的过程，其中政府的权威与意志贯穿始终。

（2）《白皮书》内容形成的过程，是政府内部各部门不断磨合的过程，也是不同意见逐步统一的过程，其最终结果系统地反映了政府整体意志，是科学发展观在城市交通领域的表现形式。

（3）城市交通系统规划、建设、管理体制是《白皮书》研究的对象之一。对城市政府各部门在交通系统规划、建设、管理中的作用与问题进行审视与评价，结合大部制改革的要求，提出城市职能部门的改革意见是《白皮书》编制工作的重要任务。

（4）《白皮书》的最终出台必须得到人大、政协的审议通过，具有政策法规的强制性与约束力。

（5）政府是《白皮书》最终实施与落实的主体，也是监督实施完成《白皮书》发展目标、战略方案的主要力量。

《白皮书》编制是一项融战略性、政策性、技术性、工程性和社会性为一体的复杂而浩大的系统工程，参与《白皮书》编制研究的人员及其承担角色很多。虽然国内各城市《白皮书》编制机构的组织模式差异较大，但一般都由以下几个部分组成：

编制领导机构——是《白皮书》编制的领导和组织机构，一般由市长或副市长任主任，市计委、建委、规划、交通等部门主要领导为成员。编制领导机构一般还会设置一个日常办事机构，具体落实编委会的指令和要求，负责《白皮书》的策划、招标、组织、检查、验收、会务等。

总编机构——主要承担《白皮书》编制总体技术策划，是《白皮书》咨询编制的技术配合与顾问，各专项规划和专题研究技术指导和协调，负责《白皮书》总编研究报告、《白皮书》文本的编撰等。

咨询机构——主要承担《白皮书》中交通发展战略和政策咨询、战略规划方案研究与分析测试、完成专项、专题研究报告、《白皮书》国内国际咨询报告、《白皮书》文本建议稿。

专家评审委员会——负责《白皮书》招标评审、咨询报告、专项报告、总报告的中间成果和最终成果的技术指导、咨询、把关和评审。

审议决策机构——包括市区各级领导（党委、人大、政府、政协）、相关政府部门、市民等。

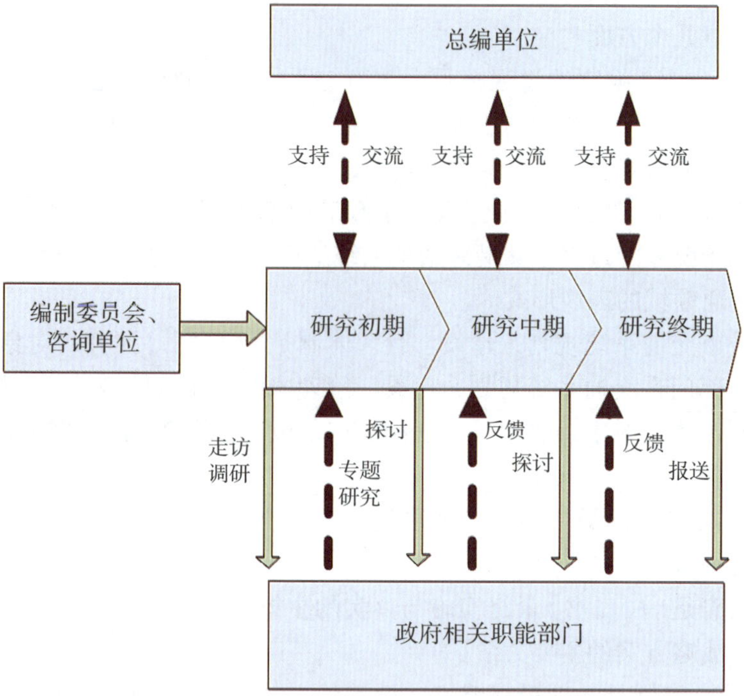

图 2–2　国内城市交通《白皮书》编制一般组织模式

二、工作流程

根据工作目标与主要成果内容要求，《白皮书》的编制一般可以分为四个阶段：筹备阶段、咨询阶段、编制阶段与审批阶段。

（1）第一阶段——筹备阶段：该阶段主要目标是完成《白皮书》编制机构的搭建、咨询单位的选择、工作计划的制订。该阶段必须编制总编研究任务书和国际、国内咨询单位研究内容任务书、专题研究任务书，完成项目编制单位的招标工作。策划单位编写总编研究任务书，拟定国际国内咨询研究的任务书、拟定专题研究的任务书。总编单位、咨询单位该阶段主要完成项目投标与前期准备工作。对于各相关职能部门该阶段主要完成专项规划的准备工作；

（2）第二阶段——咨询阶段：该阶段总体任务目标是完成国内、国外咨询研究工作和专项规划研究报告。对于总编单位，主要任务是协助咨询单位落实各职能部门开展研究，并与咨询单位共同开展现场踏勘、国内外基础资料收集、部门调研等工作，通过这些方式进一步深化了解交通的实际情况。总编单位与咨询单位在各相关职能部门的配合和支持下，进行战略方案设计、评价和有针对性地调研，并按期完成专项、专题研究报告、《白皮书》国内国际咨询报告（初稿）；

（3）第三阶段——编制阶段：咨询单位完成《白皮书》国内国际咨询报告（终稿）、《白皮书》文本建议稿。总编单位完成《白皮书》总编研究报告、《白皮书》文本（初稿），征求各部门、专家以及公众意见，根据意见深化完善，并形成《白皮书》文本（送审稿）；

（4）第四阶段——审批阶段：《白皮书》文本（送审稿）提交专家评审、征询公众意见并交人大、政协审议；根据各方意见形成《白皮书》文本（最终稿），并完成报批正式发布。

	成果内容	总编单位	咨询单位	职能部门
第一阶段	1）项目招标，明确总编、咨询单位 2）国际国内咨询任务书 3）专题研究任务书	1）项目投标 2）项目前期准备	1）项目投标 2）项目前期准备	1）专项规划安排 2）项目前期准备
第二阶段	1）完成《白皮书》国内咨询报告（初稿） 2）专项、专项研究报告	1）组织项目调研 2）组织现场踏勘 3）配合国际国内咨询单位完成咨询报告	1）参加项目调研 2）现场踏勘 3）战略模型测试 4）完成专项、专项研究报告及《白皮书》国内咨询报告（初稿）	1）提供基础资料 2）情况介绍 3）协助完成专项规划研究
第三阶段	1）完成《白皮书》国内国际咨询报告（初稿） 2）完成《白皮书》文本（建议稿）（咨询单位） 3）完成《白皮书》总编研究报告和白皮书文本送审稿（总编单位）	1）完成《白皮书》总编研究报告 2）完成《白皮书》文本（初稿） 3）完成《白皮书》文本（送审稿）	1）完成《白皮书》国内国际咨询报告（终稿） 2）完成《白皮书》文本建议稿	提出修改意见
第四阶段	1）《白皮书》文本（送审稿）征求各方意见 2）《白皮书》文本（最终稿）完成报批并正式发布	1）《白皮书》文本（送审稿）专家评审与公众意见征询 2）《白皮书》文本（送审稿）提交人大、政协文本（初稿） 3）完成《白皮书》文本（送审稿）		提出修改意见

图 2–3 《白皮书》编制的一般工作流程

2.1.3 国内《白皮书》编制实践

一、北京

进入 21 世纪以来，在城市机动化水平迅速提高及古城保护日益得到重视的背景下，北京的城市交通体系承受着巨大的压力，显现出城市发展与交通建设不尽协调、交通结构不够完善、道路发展受到制约、交通系统缺乏整合等问题。而随着2008年奥运会举办日期的临近，北京的综合交通系统将面临更加严峻的挑战。在此形势下，北京市编制了《北京交通发展纲要（2004—2020）》。

（一）编制过程

《北京交通发展纲要（2004—2020）》编制之初，由北京交通发展研究中心牵头组织开展研究工作。2003年2月北京市交通委员会成立后，转由北京市交通委员会负责牵头，与市规划委、市发改委、市政管委、市财政局、市公安局交通管理局等形成领导组合总体组，与北京交通发展研究中心共同完成《北京交通发展纲要（2004—2020）》的编制研究工作。在《北京交通发展纲要（2004—2020）》编制的各阶段，根据研究工作开展的需要，先后联合众多单位参与本项工作，他们或参与总体报告的编制，或参加专题研究的开展。

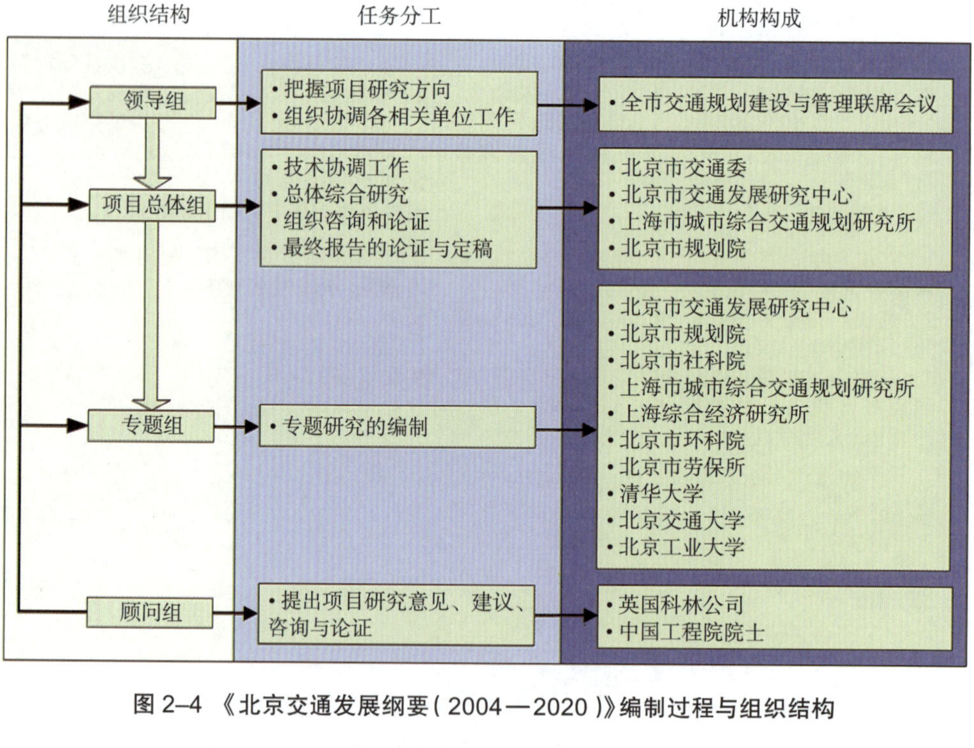

图2–4 《北京交通发展纲要（2004—2020）》编制过程与组织结构

（二）主要内容

《北京交通发展纲要（2004—2020）》明确了北京交通发展的长远目标是全面建成适应首都经济和社会发展需要，满足全社会不断增长和变化的交通需求，与国家首都和现代化国际大都市地位相称的“新北京交通体系”。

“新北京交通体系”以现代先进水平的交通设施为基础，构建以公共运输为主导的综合交通运输体系，为人们提供安全、高效、便捷、舒适和环保的交通服务，同时注重城市交通建设与历史文化名城风貌和自然生态环境相协调，引导、支持城市空间结构与功能布局优化调整，实现城市的可持续发展。该体系的基本特征是“人性化”“一体化”“集约化”“信息化”和“法制化”，即本着以人为本的交通服务宗旨，以一体化交通作为新体系基本构架，实施以内涵发展为主的集约化发展模式，以信息化为依托，以法制化为保障进行交通系统的建设运行。

2010 年之前，北京将初步建成交通设施功能结构较为完善，承载能力明显提高，运营管理水平先进，基本适应日益增长交通需求的“新北京交通体系”框架，初步形成中心城、市域和城际交通一体化新格局。届时，北京市交通建设将在完善运输网络、改善交通结构、提高管理水平、发展绿色交通等方面取得重大的进展，为全面实现“新北京、新奥运”战略构想提供支持。

二、上海

（一）编制过程

2002 年，上海市政府首次颁布了《上海市城市交通发展白皮书》（以下简称 2002 版《白皮书》），提出了一体化交通发展目标，并制定了交通发展行动纲领。经过十余年的持续快速推进，上海交通发展取得了重大突破和举世瞩目的成就，服务和管理水平显著提高，为支撑全市经济社会发展、保障世博会成功举办发挥了重要作用。面对常住人口规模不断扩大、机动车总量持续增长、城市空间布局加快调整、资源环境约束日益凸显等新形势，上海继续进一步深化交通发展战略，加快构建和完善国家大都市一体化交通。

2012 年 3 月，上海市正式启动新一轮《上海交通发展白皮书》编制工作，成立了由市长挂帅、相关单位和部门共同参加的编制领导小组，下设办公室，并组建了专家委员会。同时，择优选取了国内外咨询机构承担 20 个专题研究和 5 项专项调查工作。在深入开展 2002 版《白皮书》后评估、上海交通发展战略研究的基础上，充分吸收人大、政协及社会各方意见，于 2013 年 10 月经上海市政府常务会议和上海市委常委审议通过。

（二）主要内容

1. 战略目标

上海交通发展的总体目标是构筑国际大都市一体化交通，加快建成国际海空枢纽城市，着力打造绿色交通都市，努力满足经济社会快速发展需要和人民群众日益增长的交通需求，为“四个中心”和现代化国际大都市建设提供有力支撑。具体包括五个方面主要指标：

一是安全。交通运行安全、可靠，道路交通事故万车年死亡率比 2012 年下降25%。

二是畅达。交通出行更加方便快捷，实现公共交通“45—60—90”目标。即中心城内平均出行时间在45分钟以内；新城平均60分钟可达中心城；长三角主要城市与上海中心城之间平均出行时间在90分钟以内。

三是高效。交通系统有机整合、高效运行，力争全市公共交通客运量达到3000万乘次，较2012年增长75%。中心城公共交通出行比重达到60%，新城公共交通出行比重力争达到30%。拥挤路段的公交优先道高峰时段运行车速高于相邻车道社会车辆的运行车速。

四是绿色。全市公共交通、步行、自行车等出行比重不低于80%，新能源与清洁能源公交车比重不低于50%，城市客货运碳排放强度明显下降，交通污染排放得到有效控制。

五是文明。交通决策更加公开透明，交通参与者安全意识、法治意识、环保意识显著增强，全社会交通文明程度明显提升。

2. 主要政策与行动

（1）强化交通与城乡空间的统筹发展。

一是构建与特大型城市空间布局相协调交通发展格局。合理控制人口规模，坚持中心城人口疏解、加快新城与新市镇人口集聚；倡导公共交通导向（TOD）的用地发展模式，加强各层次城乡规划与交通规划的统筹，协调轨道交通骨干网络建设与土地利用开发。二是进一步提升上海对外交通的服务辐射能力。建设浦东机场与虹桥枢纽之间的快速轨道交通线路。推进沪通铁路沪乍杭铁路建设，建成高速公路网络，完善省际路网对接。

（2）强化公共交通优先发展。

一是持续推进轨道交通建设。形成800公里以上的轨道交通运营网络，积极发展市郊铁路，利用铁路系统为城市客运交通服务。二是大力推进地面公交路权优先，提升公交服务。力争形成约500公里的公交优先道，构建功能层次清晰的公交汽车线网，不断提高准点率，逐步缩短发车间隔。三是加快完善新城公共交通体系。逐步构建以现代有轨电车或快速公交为骨干的新城公共汽（电）车网络。四是科学合理制定公共交通票价。实施以常乘客为主要对象的优惠票价，鼓励企业推出多样化票制。研究完善老年人、残疾人等特定人群的票价优惠政策。

（3）更加注重小客车需求调控。

一是完善小客车额度拍卖政策。科学设置竞买人申请条件，加快建设机动车额度管理信息平台，将在用车额度交易纳入统一管理，抑制额度拍卖中的投机行为。研究并适时出台小客车额度有期限使用、限制转让等政策措施，并与既有政策保持衔接。二是加强车辆使用管理。加强停车需求管理对车辆使用的调控和引导作用。根据快速路运行状况，适时调整限行的车辆类型、时段、范围。根据新城、新市镇道路交通运行状态，完善郊区小客车使用管理政策。研究并适时出台长期在沪使用的外省市号牌机动车的管理政策措施。根据道路拥堵情况和大气环境状况，深化研究区域或通道拥挤收费、车辆限行等交通需求管理政策。

（4）更加注重绿色交通发展。

一是加强排放控制。新车力争适时实行更高的排放标准，出租汽车全部达到“国Ⅴ”及以上排放标准，公交车辆全部达到“国Ⅳ”及以上排放标准。加强对在用车辆排放的监测和监管。二是优化交通能源结构。加快新能源和清洁能源汽车在重点运输行业的推广使用，新能源和清洁能源公交车比重不低于50%。三是倡导绿色出行。显著改善步行和自行车等交通方式的出行环境。

（5）更加注重精细管理。

一是全面提升交通信息化水平。充分应用最新信息技术手段，提升交通组织管理水平，提高交通资源利用效率。二是切实保障交通运行安全。加强事故隐患排查，规范运输企业生产经营行为，提高市民交通出行的安全意识。三是完善交通体制机制法制。进一步转变政府职能，加强社会协同、公众参与、法治保障。

三、南京

（一）编制过程

《南京交通发展白皮书》从2004年年初开始酝酿策划，6月份成立了由市长任主任委员、常务副市长和城建副市长任副主任委员，市发改委、建委、规划、交通等15个部门参加的编制委员会，编委会办公室设在市发改委。《南京交通发展白皮书》编制过程分为筹备策划、战略咨询、总体编撰和完善报批四个阶段。

1. 筹备策划阶段

2004年2—7月，南京市发改委、建委、规划局、交通局等部门对北京、上海、深圳和国外大城市交通《南京交通发展白皮书》编制情况进行了半年左右的学习调研；8月，办公室分别组织召开交通《南京交通发展白皮书》编制工作专家和部门咨询会，全面收集和征求各方意见和建议，拟定了交通《南京交通发展白皮书》编制工作大纲和技术任务书。同年12月，通过公开招标，南京市交通规划研究所中标成为总编单位。2005年3月进行了《南京交通发展白皮书》国际和国内咨询单位公开招标，英国阿特金斯公司和上海市城市综合交通规划研究所分别中标。办公室同步完成了铁路、公路、水运、民航、城市道路、轨道交通、地面公交、交通管理、停车设施、出租汽车、公路主枢纽、物流、机动车发展等13项专项规划任务向各有关部门的分解工作。

2. 战略咨询阶段

2005年4月，《南京交通发展白皮书》编制工作正式启动。英国阿特金斯公司和上海市城市综合交通规划研究所在基础资料收集、交通补充调查、相关部门座谈、现场踏勘的基础上，开展了国内外城市交通模式比较研究，结合南京自身交通特点，与南京交通所共同建立了南京交通战略测试模型，对南京交通提出了发展理念、发展模式、政策建议等咨询意见。两家机构于2005年6月、8月和10月分别完成了南京交通发展国际、国内战略咨询报告初期、中期和最终成果，并通过了专家审查。与此同时，十三项专项规划的编制和修编相继完成。

3. 总体编撰阶段

南京交通所在与中外咨询机构和专项规划编制单位合作过程中，着手开展南京交通发展《南京交通发展白皮书》总编咨询报告和《南京交通发展白皮书》建议稿的起草编制工作，于2005年年底提交编委会，并通过了专家委员会评审。在此基础上，总编单位修改完善后形成《南京交通发展白皮书(初稿)》。

4. 完善报批阶段

2006年初开始，由编委会办公室牵头，对《南京交通发展白皮书(初稿)》进行了专项规划衔接整合、编委会成员单位研讨、市级部门征求意见、省级部门征求意见，以及编委会办公室专题讨论等数十次修改、完善，形成了《南京交通发展白皮书》送审稿。

2006年8月，南京市副市长召开专题会议，听取《南京交通发展白皮书》编办、国内外咨询单位以及总编单位汇报，对《南京交通发展白皮书》送审稿提出了进一步整体完善的意见和要求。同年12月，蒋宏坤市长专题听取了汇报，充分肯定了交通《南京交通发展白皮书》送审稿，对近期交通建设行动纲领提出了完善意见，并明确要求抓紧修订并向市委、市人大、政协汇报。2007年7月，市人大、政协组织部分代表、委员共同听取了专题汇报。

(二)主要内容

《南京交通发展白皮书》主要内容体系可以概括为:“一个模式、一个愿景、两阶段目标、四大战略任务、五项重大政策和十二大建设工程”，为南京交通发展描绘了美好蓝图。

1. 一个模式

《南京交通发展白皮书》汲取了国内外先进经验，建立了南京交通战略测试模型，并构建了四种战略组合方案，包括小汽车导向、轨道交通导向、轨道和公交优先下的均衡发展以及公共汽车优先导向。通过模型测试建立综合评价体系，南京未来交通适应的发展模式是“轨道和公交优先下的均衡发展”。

2. 一个愿景

在城市总体规划确定的城市发展愿景基础上，根据市十二次党代会“建设现代化国际性人文绿都”的目标定位和加快跨江发展、建设五个中心战略，《南京交通发展白皮书》提出南京交通发展的愿景是：建设“畅达、绿色、和谐”的现代化交通体系。主要内涵是建成长江国际航运物流中心、国家级的综合运输枢纽和现代化的综合城市交通体系。

3. 两阶段目标

南京远期（2020 年）交通发展提出了实现“3133、3155”的目标（“3133、3155”目标，即南京与长三角主要大城市 3 小时内通达，南京都市圈 1 小时通达，都市发展区通勤交通 3 刻钟（45 分钟）到达，主城 85% 单程出行的时间控制在 30 分钟以内，城内 15 分钟上快速路、出城 15 分钟上高速公路，市域所有自然村 15 分钟内能通达国省干线公路网。城市居民 5 分钟内可到达公交、地铁车站），具备便捷的国际和区域间多式运输联系和较高水准客货运输服务水平，初步建立一体化、便捷的大都市圈和都市区综合交通联系，具备高效率、人性化的城市客货运输服务水平。

近期（2010 年）目标是具备与国内特大城市、长三角大城市间便捷的多种运输方式联系，与“一城三区”“三城九镇”发展和建设社会主义新农村相适应的市域和都市区交通联系，保持并争取提升既有交通效率，提高服务水平。

4. 四大战略任务

战略任务一：全面协调交通与土地利用的互动发展。

以“三快”（快速轨道、快速道路、快速公交）复合交通走廊、综合枢纽支持长三角中心城市一体化发展。以公共交通为主体的交通模式和政策导向，引导土地集约开发。控制老城土地开发强度；加强新区公共设施配套和人口、就业平衡。做好地铁、公交枢纽与自行车、小汽车等各类交通方式的“无缝衔接”。

战略任务二：以持续扩容、功能优化、需求调控、科学管理，保持道路交通系统整体畅达。

战略任务三：提高公共交通运输能力和出行效率，确保公共交通企业的发展动力，全面提升公共交通服务水平。

战略任务四：全面整合交通体系。包括整合交通决策管理体制，设立交通决策协调委员会，建议成立市交通委员会开展研究；整合交通发展政策和行动，建立交通发展公共政策平台；整合交通系统设施资源，促进交通协调发展。

5. 五项重大政策

交通设施引领：坚持交通基础设施规划建设先行，引领城市建设发展，为改善市民出行、拉开城市框架、提升城市功能、促进经济社会发展提供良好的条件和环境。

公共交通优先：坚持公共交通优先发展政策，在法律、投资、财政、税收、规划、建设、管理和服务等各个环节，为公共交通发展提供优先条件。

交通科技先导：坚持以先进的科技手段来规划、建设和管理交通系统，切实提高交通运行管理技术水平。

交通资金保障：优化公共财政支出结构，保持对交通发展的有效投入；坚持市场化融资取向，拓展投融资渠道，统筹和规范资金的使用与管理。

小汽车交通引导：坚持对小汽车交通发展有序引导和差别化调控，以差别化供给方式提供多样化的交通服务，以有效的差别化调控手段对小汽车交通需求实施引导与调节。

6. 十二大建设工程

根据南京交通发展目标任务，交通基础设施建设投资占同期 GDP 比重不低于 5% ～ 7%，投资总体规模约 900 亿～ 1200 亿元，比“十五”期间增长 40% 左右。《南京交通发展白皮书》中提出了“十一五”时期“十二大工程”，并对具体项目作了统筹考虑。

四、佛山

（一）编制过程

1. 组织体系

《交通白皮书》编制是一项融战略性、政策性、技术性、工程性和社会性为一体的复杂而浩大的系统工程。参与《交通白皮书》编制研究的人员及其承担角色很多，《佛山市交通白皮书》的组织体系如下：

（1）市《交通白皮书》编委会：是《交通白皮书》编制的领导和组织机构，由佛山市人民政府市长任主任，城建副市长任副主任，市规划、发改、交通、交管等部门主要领导为成员。

（2）市《交通白皮书》编委会办公室：是《交通白皮书》编委会日常办事机构，具体落实编委会的指令和要求，负责《交通白皮书》的策划、招标、组织、检查、验收、会务等。

（3）《交通白皮书》总编咨询单位：主要承担《交通白皮书》编制总体技术策划，《交通白皮书》国际咨询招标的技术策划、谈判，《交通白皮书》国际咨询编制的技术配合与顾问，各专项规划和专题研究技术指导和协调，《交通白皮书》总编咨询编撰等。

（4）《交通白皮书》咨询单位（国际和国内各一家）：主要承担《交通白皮书》中交通发展战略和政策咨询、战略规划方案研究与分析测试、专题研究、《交通白皮书》（建议稿）的编制。

（5）《交通白皮书》专项规划承担单位：安排 5 个专项规划研究，由政府各相关职能部门根据编委会发布的任务书要求负责完成。

（6）《交通白皮书》专家评审委员会：负责《交通白皮书》招标评审、咨询报告、专题报告、专项报告、总报告的中间成果和最终成果的技术指导、咨询、把关和评审。

（7）其他审议、决策和公众参与者：包括市区各级领导（党委、人大、政府、政协）、相关政府部门、市民等。

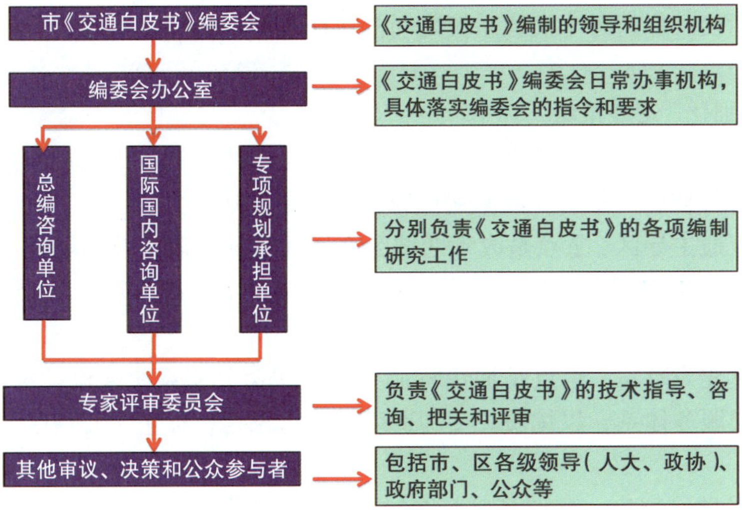

图 2–5 《佛山市交通发展白皮书》组织体系

2.《佛山市交通发展白皮书》编制

经起草、讨论和修改，于 2010 年 9 月形成《佛山市交通发展白皮书》（征求意见稿），10 月形成《佛山交通发展白皮书》（专家咨询稿），集中征询了北京、上海等国内专家的意见，经进一步修改完善，11 月完成了《佛山市交通发展白皮书》。

3. 法律程序

由佛山市人民政府批准颁布实施，是地方人民政府政策性文件。

（二）主要内容

研究内容方面，《佛山市交通发展白皮书》采用总体咨询研究与专项规划、专题研究同步推进的方式开展。总体咨询工作是本次研究的主体内容，将形成《白皮书》的主要研究结论；专项规划和专题研究是佛山市交通发展《白皮书》的重要支撑和重要组成部分，是积极发挥部门优势、对《白皮书》核心问题强化研究的重要方式。根据对佛山市既有规划基础的解读以及《白皮书》研究需要，本次研究工作拟定 5 个专项规划以及 5 个专题研究，支撑《白皮书》总体咨询研究。

结合城市交通发展趋势与需求，佛山提出了“一体化”和“差别化”为核心的交通发展策略。

1.“一体化”发展策略

一方面，要强化交通与城市整体发展一体化互动协调，突出交通对空间、产业、用地的引导作用和与经济、社会、环境的协调发展；另一方面，要强化交通系统自身一体化整体发展，包括促进区域、市域、城区、城乡交通设施的协调发展与紧密衔接，保持各个交通系统之间的协作高效运行，促进综合交通系统的统筹协同管理。

2.“差别化”发展策略

结合佛山市不同区域城市发展、用地强度、产业结构、交通设施及交通需求等资源及运行特性，制定区域差别化的交通引导策略。

绿色交通主导区：重点是改善老城区交通环境和品质，改造和充分利用现有交通资源，加强交通需求管理，积极倡导“公交＋步行或自行车”的绿色交通发展模式。

公交优先发展区：重点是加快轨道交通与快速公交系统建设，构建多层次、一体化公交服务体系，以优质公交和适度的需求调控，促进中心城区的交通结构优化。

公交引导发展区：重点是坚持TOD的发展理念，通过“双快”（快速轨道、快速道路）交通体系引导城市发展，提高各组团职住平衡水平，促进城市空间结构优化。

健康交通示范区：重点是提供全体市民交通出行的基本条件，改善市域交通可达性，构建多元和谐的健康交通发展模式。

3. 四大战略任务

为实现佛山市交通发展目标，白皮书明确提出了“两优化、两提升”的四大战略任务。分别为优化城市空间结构与用地模式、优化交通方式结构与运输模式、提升交通发展决策统筹能力、提升交通系统整体运行效率。

4. 六大重大政策

交通引领发展政策：继续实施适度超前的交通基础设施建设战略，加快区域和城市重大交通设施建设。利用城市三旧改造契机，推动土地利用与交通协调发展，鼓励联合开发。结合年度建设计划实施交通项目用地许可证管理制度。建立和规范推行交通影响评价（TIA）制度。

公共交通优先政策：始终坚持优先发展公共交通政策。在法规、用地、投资、财税、规划、建设、运营和服务等各个环节，为公共交通发展提供优先保障，确保优先发展公共交通作为政府的一项长期政策。

交通需求调控政策：实施土地规划调控，鼓励兼容性的土地混合布局；实施停车调控，平衡车辆使用需求；实施错时调控，均衡道路交通流时间分布；实施区域调控，对高排放、高事故率、高空间占有率交通工具制定区域性调控措施。

健康交通引导政策：坚持提供多样化的交通服务，引导市民选择合理的交通出行方式；完善交通设施精细化、人性化规划与设计；实施道路交通安全评价审查制度；鼓励绿色交通出行。

科技交通促进政策：在交通发展中增加交通科技投入、充分重视科技人才队伍建设，加强交通政策、规划和建设的科学研究，重视各类交通项目的科学论证、科学决策，加强交通行业技术标准化建设，积极推进交通信息化和智能化建设，使交通发展更加科学、理性。

交通资金保障政策：构建稳定的多元投资渠道体系，优化交通投资结构，确保政府财政对交通建设的高比例投入。优化两级政府在重大建设项目投资中的角色和投资构成，政府财务优先保障轨道交通、综合枢纽建设、公共交通基建、运营、维护、票价优惠等项目，重点扶持步行和自行车交通、清洁交通建设与发展。

5. 九大行动纲领

为了贯彻落实前述佛山交通发展的四大任务要求和六大交通政策，实现佛山市交通发展愿景和目标，白皮书提出了“加快构建四大体系，强化两大管理，推进三大行动”的具体行动纲领。“加快构建四大体系”分别为：以城际轨道为重点，加快构建发达对外交通体系；以城市轨道为重点，加快构建优质公共交通体系；以路网优化为重点，加快构建高效道路交通体系；以平衡供需为重点，加快构建有序静态交通体系。“强化两大管理”分别为强化交通需求管理；强化交通运行管理。“推进三大行动”分别为：推动绿色交通行动；推动科技交通行动；推动和谐交通行动。

2.2 其他交通发展政策

2.2.1 优先发展公共交通政策

城市公共交通是满足人民群众基本出行需求的社会公益性事业，是城市功能正常运转的基础支撑。近些年来，随着我国城镇化进程的不断加快，我国城市规模迅速增长，人口规模不断扩大，城市居民的出行总量和出行距离呈现大幅增长，发展公共交通势在必行。

一、我国公交都市建设历程

2010 年 11 月 11 日，交通运输部与深圳市签署合作框架协议，共建首个国家“公交都市”示范城市。

2011 年 11 月 9 日，交通运输部发布“关于开展国家公交都市建设示范工程有关事项的通知”，代表着我国公交都市建设拉开帷幕。

2012 年 10 月 26 日，交通运输部正式确定北京、石家庄、太原、大连、哈尔滨、南京、济南、郑州、武汉、长沙、深圳、重庆、昆明、西安、乌鲁木齐 15 个城市为首批“公交都市建设示范工程第一批创建城市”。

2013 年 6 月 24 日，在总结第一批 15 个“公交都市”建设的经验教训之后，交通运输部印发《公交都市考核评价指标体系》，我国公交都市建设正式有据可依。

2013 年 7 月 15 日，交通运输部颁布“关于推进公交都市创建工作有关事项的通知”，明确为公交都市城市给予政策支持。

2013 年 8 月 8 日，第二批公交都市申报启动，天津、上海等 22 个城市确定为“公交都市”。

二、国家公交都市政策法规

（一）交通运输部《公交都市考核评价指标体系》

为指导公交都市创建工作，明确各创建城市考核目标，科学评价公交都市创建成效，交通运输部研究制定了《公交都市考核评价指标体系》。主要内容如表 2–1：

表 2–1　公交都市考核评价指标体系

序号	指标名称	指标类型
1	公共交通机动化出行分担率	考核指标
2	公共汽（电）车线路网比率	考核指标
3	公共交通站点 500 米覆盖率	考核指标
4	万人公共交通车辆保有量	考核指标
5	公共交通正点率	考核指标
6	早晚高峰时段公共汽（电）车平均运营时速	考核指标
7	早晚高峰时段公共交通平均拥挤度	考核指标
8	公共交通乘客满意度	考核指标
9	公共汽（电）车进场率	考核指标
10	公交专用车道设置率	考核指标
11	绿色公共交通车辆比率	考核指标

续表 2–1

序号	指标名称	指标类型
12	公共汽（电）车责任事故死亡率	考核指标
13	轨道交通责任事故死亡率	考核指标
14	城乡客运线路公交化运营比率	考核指标
15	公共交通运营补贴制度及到位率	考核指标
16	公共交通乘车一卡通使用率	考核指标
17	公共交通一卡通跨省市互联互通	考核指标
18	公共交通智能化系统建设和运行情况	考核指标
19	城市公共交通规划编制和实施情况	考核指标
20	建设项目交通影响评价实施情况	考核指标
21	公共交通出行分担率（不含步行）	参考指标
22	公共交通人均日出行次数	参考指标
23	公共汽（电）车线路网密度	参考指标
24	公共汽（电）车平均车龄	参考指标
25	公共交通投诉处理完结率	参考指标
26	公共汽（电）车车均场站面积	参考指标
27	公共汽（电）车港湾式停靠站设置率	参考指标
28	公交优先通行交叉口比率	参考指标
29	公共交通职工收入水平	参考指标
30	公共交通优先发展配套政策制定情况	参考指标

《公交都市考核评价指标体系》共设置考评指标 30 个，分为考核指标和参考指标，其中考核指标 20 个，是考核评价公交都市的约束性指标；参考指标 10 个，是考核评价公交都市的重要参考依据。各创建城市可结合自身公共交通发展特点提出不超过 3 个特色指标，经部同意后，连同考核指标和参考指标，一并纳入创建城市的考核评价指标体系。

（二）交通运输部“关于推进公交都市创建工作有关事项的通知”

“通知”规定，为进一步加快推进公交都市创建工作，部决定对公交都市创建城市给予政策支持。主要包括：

1. 支持创建城市加快建设城市综合客运枢纽

部重点支持与城市公共交通相衔接的综合客运枢纽。主要包括：一是城市公共交通与两种及以上对外交通方式相衔接的综合客运枢纽；二是城市公共交通与城际客运站相衔接的综合客运枢纽；三是城市公共交通与城乡公路客运站相衔接的综合客运枢纽；四是适当考虑与城市轨道交通相衔接的综合换乘枢纽。城市公共交通有关设施应当与综合客运枢纽同步规划、同步建设、同步交付使用。

2. 支持创建城市加快建设城市智能公交系统

继续在公交都市创建城市实施城市公共交通智能化应用示范工程。部重点支持公共交通信息化应用系统建设、相关支撑系统建设、数据资源与交换系统建设，以及相关标准规范的制定修订等工作。

3. 支持创建城市加快建设城市快速公交运行监测系统

将创建城市快速公交运行监测系统建设纳入部支持范围。支持创建城市加快建设快速公交监控调度指挥系统、快速公交信息化应用系统和相关支撑系统等，并完善快速公交运行监测相关的技术标准规范。

4. 支持创建城市推广应用清洁能源公交车辆

将公交都市创建城市推广应用液化石油气、天然气等清洁能源公交车辆纳入交通运输节能减排专项资金支持范围。按照《交通运输节能减排专项资金管理暂行办法》（财建〔2011〕374 号），采取以奖代补的形式，通过测算清洁能源公交车辆的能源替代量给予相应的资金补助。

三、地方公交都市政策法规

（一）上海市人民政府关于贯彻《国务院关于城市优先发展公共交通的指导意见》的意见

1. 建设目标

构建以轨道交通为骨干、公共汽（电）车为基础、水上轮渡为补充、慢行交通为延伸，通过综合交通枢纽紧密衔接，安全可靠、经济适用、便捷高效、低碳智能的城乡一体化公共交通综合体系。到 2015 年，确立公共交通在城市交通中的主体地位，建成与社会主义现代化国际大都市地位相匹配的国家“公交都市”。全市公共交通日均客运量达 2180 万乘次，中心城市民群众选择公共交通出行方式的比重达 50%（不含步行），其中轨道交通占公共交通客运量比重达 50%；公共交通占机动化出行比重达 70%。到 2020 年，全市公共交通日均客运量达 3000 万乘次，市民群众选择公共交通出行方式的比重达 50% 以上（不含步行），其中轨道交通占公共交通客运量比重达 60%。

2. 基本原则

一是坚持以人为本。顺应市民群众安全、便捷出行的新需求和新期待，把改善公共交通条件、方便市民日常出行作为首要原则，使市民群众切身体会到推进落实公共交通优先政策带来的出行服务品质的提高。

二是坚持统筹衔接。有效统筹中心城与郊区（县）之间，快行交通与慢行交通之间，动态交通与静态交通之间，轨道交通、快速公交和现代有轨电车等地面公共交通系统与公共汽电车、水上轮渡、公共自行车等交通方式之间的有机衔接和协调发展，最大限度发挥公共交通的综合效能。

三是坚持政府主导。城市公共交通是政府提供的重要公共服务产品，是政府履行社会管理职责的重要领域。政府有责任采取综合措施，加强管理监督，扶持引导公共交通优先发展，引导城市空间布局的优化调整。

四是坚持创新驱动。适应经济社会发展的要求，加快政府职能转变，推进体制创新、管理创新、科技创新，不断消除制约公共交通发展的各种障碍和瓶颈。

（二）济南市政府《关于推进公交都市建设的意见》及《济南市城市公共交通条例》

在“公交都市”创建过程中，济南市政府出台了《关于推进公交都市建设的意见》，遵循民生、政策、规划、用地、财政、路权、环保等“七个优先”的原则。

一是民生优先。2012 年，全市新增公交车辆 374 部，新开辟公交线路 15 条，新增公交站点 23 处，优化调整公交线路 21 条次。2013 年在资金紧张的情况下，千方百计加大投入力度，拟新增公交车 1000 辆。

二是政策优先。在研究制定公共政策体现公交优先发展理念、推动公交发展目的，落实公交发展的规划、资金、土地、路权、财税、技术等政策支持，创造公交优先发展的政策环境。

三是规划优先。发挥规划的引领控制作用，突出公共交通在城市总体规划中的地位和作用，按照科学合理、适度超前的原则，统筹城市总体规划、综合交通体系规划和公交都市建设专项规划等各种规划的关系，统筹公共交通和各种出行方式。

四是用地优先。把用地优先与规划优先密切结合，在平衡用地时优先考虑保证城市公共交通基础设施建设用地需要。

五是财政优先。把公共交通作为公共财政保障的重点，加大财政支持力度，逐步增加投入比例，保障综合交通枢纽、场站建设以及车辆设备购置更新等需要。

六是路权优先。明确和落实道路通行保障次序，规范并完善公交专用道、信号优先等一系列路权优先措施，六车道（含）以上的道路原则上设置公交专用道，保证公共交通的速度和效率。

七是环保优先。按照资源节约和环境保护的要求，以节能减排为重点，全力推进新能源汽（电）车的推广使用，大力发展低碳、高效、大容量的城市公共交通系统。五年来，购入 500 多辆新能源空调客车（国Ⅳ标准），累计节约柴油 225.77 万升（折合 2863.15 吨标准煤），节省燃油费 1700.08 万元（按 2011 年柴油均价 7.53 元 / 升计算），减少二氧化碳排放 7137.84 吨，节能减排效果显著，带来良好的环境效益。

《济南市城市公共交通条例》于 2013 年 11 月 29 日经山东省第十二届人民代表大会常务委员会第五次会议批准，从规划建设、经营权管理、运营服务、监督管理等方面对济南公共交通建设运营管理进行了规定。

2.2.2 自行车和步行交通政策

一、国务院“关于加强城市基础设施建设的意见”（国发〔2013〕36 号）

意见指出要加强城市步行和自行车交通系统建设。城市交通要树立行人优先的理念，改善居民出行环境，保障出行安全，倡导绿色出行。设市城市应建设城市步行、自行车“绿道”，加强行人过街设施、自行车停车设施、道路林荫绿化、照明等设施建设，切实转变过度依赖小汽车出行的交通发展模式。

二、住房和城乡建设部发展改革委财政部“关于加强城市步行和自行车交通系统建设的指导意见”

意见指出，为贯彻落实国务院《“十二五”节能减排综合性工作方案》和《节能减排“十二五”规划》，促进城市交通领域节能减排，加快城市交通发展模式转变，预防和缓解城市交通拥堵，促进城市交通资源合理配置，倡导绿色出行，针对当前城市步行和自行车交通环境日益恶化、出行比例持续下降的实际情况，加强城市步行和自行车交通系统的建设。

（一）发展目标

大城市、特大城市发展步行和自行车交通，重点是解决中短距离出行和与公共交通的接驳换乘；中小城市要将步行和自行车交通作为主要交通方式予以重点发展。

到 2015 年，城市步行和自行车出行环境明显改善，步行和自行车出行分担率逐步提高。市区人口在 1000 万以上的城市，步行和自行车出行分担率达到 45% 以上；市区人口在 500 万以上、建成区面积在 320 平方公里以上或人口在 200 万以上、建成区面积在 500 平方公里以上的城市，步行和自行车出行分担率达到 50% 以上；市区人口在 200 万以上、建成区面积在 120 平方公里以上的城市，步行和自行车出行分担率达到 55% 以上；市区人口在 100 万以上的城市，步行和自行车出行分担率达到 65% 以上；其余城市，步行和自行车出行分担率达到 70% 以上。

（二）强化规划的先导和调控作用

发挥城市总体规划的宏观指导作用，通过城市综合交通规划统筹设施布局，编制实施专项规划。

（三）加快基础设施建设

1. 加强步行道和自行车道建设

结合城市道路建设，完善步行道和自行车道。城市道路建设要优先保证步行和自行车出行。依据专项规划，新建及改扩建城市主干道、次干道，要设置步行道和自行车道，城市支路和居住区道路，要设置步行道。对不按规划建设步行道和自行车道的建设项目，城乡规划主管部门不予办理规划许可，城市建设主管部门不予办理施工许可。自行车道原则上应尽可能避免与步行道共板设置。要结合旧城改造、环境整治等，打通断头路，打开封闭街区，加密路网，完善步行和自行车微循环系统。

2. 合理设置行人过街设施

坚持平面为主、立体为辅的原则，科学设置行人过街设施。在城市道路路段和交叉口，设置人行横道，并通过施划标线、设置安全岛、信号灯，保障行人过街安全。按照有关标准规范要求设置人行天桥或人行地道的，应符合无障碍标准，尽可能安装电梯、电动扶梯，方便行人通行。

3. 加快自行车停车设施建设

居住区、公共设施要为自行车提供足够的停车空间和方便的停车设施。新建住宅小区必须配建永久性自行车停车场（库），并以地面停车为主。老旧小区、平房地区要通过建设自行车公共停车场，解决居民自行车停车问题。建筑面积 2 万平方米以上的公共建筑、名胜古迹、公园、广场应当按照专项规划的要求设置自行车停车设施。对不按规划建设自行车停车设施的建设项目，城乡规划主管部门不予办理规划许可，城市建设主管部门不予办理施工许可。

鼓励发展自行车驻车换乘。轨道交通车站、公共交通换乘枢纽必须设置自行车停车设施，集散量较大的公交车站也应尽可能设置自行车停车设施，并为自行车驻车换乘提供良好和方便的条件。

三、《深圳市城市交通白皮书》

《深圳市城市交通白皮书》第七章提出延伸慢行交通网络。

第七十二条　建设安全、通达、便捷、舒适的步行和自行车交通网络，满足市民日常出行与休闲健身的需要，积极引导市民短距离出行选择步行和自行车交通，中长距离选择“公交＋步行”或“公交＋自行车”的出行方式。

第七十三条　按照“连续成网、便捷接驳、相互分离、环境提升”的原则，以拓展轨道公交服务范围和连接公共休闲空间为重点，延伸慢行接驳网和慢行休闲网，推广公共自行车租赁服务。

第七十四条　以轨道、公交站点为基点构建慢行接驳网。在以站点为中心 500 米（5 分钟步行行程）半径范围内，构建步行接驳通道。在以站点为中心 3 公里（15 分钟自行车行程）半径范围内，构建自行车接驳通道，加强站点周边的配套慢行接驳设施建设和管理。

第七十五条　结合绿道网构建慢行休闲网。重点加强居住区与绿道设施的慢行系统衔接。进一步完善山野、滨海、公园与周边地区衔接的慢行系统。

第七十六条　推广公共自行车租赁服务。加快完善公共自行车投资和运营机制，建立政府主导、企业运作的发展模式。在全市主要大型居住点、公共设施、旅游区、轨道公交站点推行建设具有深圳特色的公共自行车租赁系统，并探索采用深圳通卡的可行性。

第七十七条　营造安全舒适的步行和自行车交通出行环境。

第七十八条　增强步行和自行车交通吸引力。

（1）在新建居住小区，结合小区绿化建设慢行通道系统，推动安宁社区建设。

（2）在商业区、风景区和住宅区人行道采用富有特色的铺装形式，完善沿街绿化、照明、长椅、小品等辅助设施。完善自行车车道标志标线，在有条件的地区设置彩色通道。

2.2.3 机动车停车政策

一、《北京市机动车停车管理办法》

第四条　机动车停车是静态交通体系，机动车停车场坚持统筹规划建设，实行差别化管理，逐步形成配建停车场为主、独立建设的停车场为辅、临时停车场为补充的格局。

本市鼓励社会多元化参与停车场建设，鼓励社会单位对外开放停车场。

第五条　市交通行政主管部门主管本市的停车管理工作，负责组织制定本市机动车停车管理的相关政策，并会同相关部门对机动车停车管理工作进行综合协调、检查指导、督促考核。

发展改革行政主管部门负责本市独立建设的停车场的项目审批、核准和备案工作，统筹安排政府投资项目建设资金，制定机动车停车收费标准，并对机动车停车收费标准执行情况进行监督检查。

公安机关交通管理部门负责本市道路停车秩序管理和道路停车泊位的设置。

规划、住房和城乡建设、财政、国土资源、质量技术监督、工商行政管理、税务、民防、城市管理综合执法等行政主管部门按照各自职责，依法负责机动车停车管理相关工作。

第九条　本市鼓励单位和个人利用地下空间资源开发建设公共停车场。

开发利用卫生、教育、文化、体育设施及道路、广场、绿地地下空间资源单独选址建设停车场的，建设单位应当进行安全论证，征求地面设施所有权人意见，提出建设方案，由市交通行政主管部门或者区、县停车管理部门会同发展改革、规划、国土资源、住房和城乡建设、市政市容、民防、园林绿化等行政主管部门按照鼓励建设的原则，依法办理相应手续。

依照前款规定建设停车场，应当符合国家和本市有关建设标准和规范，不得影响道路、广场、绿地以及原有设施的使用功能和安全。

第十四条　任何单位和个人不得擅自停止使用停车场，不得将停车场改作他用，因实现原规划用途将临时停车场停止使用的除外。

临时停车场停止使用的，停车场管理单位应当在停止使用前一个月向社会公示，并到有关部门办理相关手续。

第十五条　本市建立统一的停车场信息管理和发布系统，对停车泊位进行编号，对停车场信息实行动态管理，并实时公布向社会开放的停车场分布位置、使用状况、泊位数量等情况。

第十六条　本市停车收费遵循城市中心区域高于外围区域、道路停车高于路外停车的原则。具体区域划分及标准由市发展改革行政主管部门会同市交通行政主管部门确定，报市人民政府批准后实施。

二、《上海市交通发展白皮书》

第九章　停车中规定，实施差别化的停车供给、收费和管理政策，对缓解“停车难”矛盾、引导小客车合理使用、促进动态交通与静态交通协调发展具有重要作用。

（1）优化调整停车管理调控分区。制定完善与之相适应的停车设施供应和管理政策，适度满足基本车位，从紧控制出行车位。

（2）滚动修编并落实停车配建标准。适度提高居住区、医院、学校、大型商业设施等停车配建指标。强化建设工程配建停车设施设计审查及竣工验收机制，确保停车配建标准作为强制性审核指标得到有效落实。

（3）推进社会公共停车场建设。加大政策引导和扶持力度，支持公共停车场（库）建设和运营管理。优先支持和推进停车矛盾突出的居住区、医院、学校等周边的公共停车场建设。结合轨道交通站点合理规划和发展停车换乘（P+R）设施，同步完善道路及标示等配套设施，提高利用效率。

（4）科学设置路内停车泊位，加强路内停车管理。推行路内限时停车制度，提高路内停车泊位的利用率。

（5）缓解居住区停车矛盾。规范居住区内部泊位挖潜及改造。制定居住区周边道路夜间时段性泊位设置标准。建立完善停车设施共享利用的协调机制，鼓励利用路外停车场错时停车。

（6）改进医院、学校、大型活动等临时停车管理。根据道路条件，因地制宜地增设临时性道路停靠点，完善引导标示，加强交通组织管理。

(7)根据“区域、时段、路内外”等不同类别，深化差别化停车收费管理机制。统筹协调各类停车场(库)定价形式，逐步形成以市场为导向的公共停车场(库)停车收费管理机制。

2.2.4 城市交通治堵政策

杭州市政府 2013 年度治理城市交通拥堵工作任务书：

一、建立健全管理机制

(1)建立由主要领导负责、有关部门参加的综合治理城市交通拥堵工作协调机构；

(2)出台治理拥堵意见、政策并具体实施。

二、完善停车设施，优化路网结构

(1)主城区范围(上城、下城、江干、西湖、拱墅、滨江六区)新增专用停车位 48000 个，全市(含县市区)地下空间开发量 650 万平方米。

(2)影响交通功能的路面停车位减少 10%。

(3)住宅小区停车位配套达标：新建住宅小区停车位配建达到《浙江省城市建筑工程停车场(库)设置规则和配建标准》；制定出台旧住宅小区停车位的改造和管理办法。

(4)优化城市路网结构，打通影响通行的断头路。新建改造城市道路30公里。打通影响通行的断头路 10 条。改善影响通行的拥堵点 28 个。

三、落实公交优先发展战略

(1)主城区公交分担率提高 3 个百分点以上；

(2)公交车辆数比上年底总量增加 10%；新增或优化公交线路 10%；

(3)中心城区主要道路公交专用道里程(双向)新增 50 公里；

(4)公共自行车增长 5000 辆(含县市区)；

(5)建设城市快速路网 24 公里，地铁建设 40 公里(含开工及续建)；

(6)公交车高峰时段平均运送时速提高 20%。

四、加强交通秩序管理

(1)中心城区确定公布的第一批治堵重点道路机动车守法率达到 90% 以上。

(2)中心城区确定公布的第一批治堵重点道路非机动车、行人守法率达到 80% 以上。

(3)制定《城市循环交通组织实施方案》并具体组织实施。

(4)进一步完善智能交通控制系统建设，实现全部功能，包括：信号灯集中协调控制功能；主干道及主要路口视频监控功能；警用车辆及单警定位功能；交通信息诱导功能；电子地图指挥调度功能。

五、提高城市交通满意度

实现城市交通满意度明显提高。满意度测评体系包含治堵工作成效、公共交通服务质量、城市道路和停车场等基础设施、交通秩序等方面内容。

2.2.5 城市交通信息化建设

一、《交通运输部办公厅关于促进手机软件召车等出租汽车电召服务有序发展的通知》

为适应手机软件召车等出租汽车电召服务快速普及推广的新形势，维护出租汽车市场良好秩序，提升出租汽车服务质量，保障广大乘客及各方合法权益，促进出租汽车行业健康发展，提出以下要求：

（1）促进各类出租汽车电召服务协调有序发展；

（2）加快实现出租汽车服务管理信息共享；

（3）严格驾驶员终端软件发放与使用管理；

（4）逐步实现出租汽车电召服务统一接入管理；

（5）保障出租汽车电召服务安全规范；

（6）严格执行出租汽车价格管理规定；

（7）加强手机软件召车服务市场监管；

（8）全面推进出租汽车信息化建设。

二、《上海市交通发展白皮书》

信息化是实现交通管理现代化的重要标志。按照建设智慧城市的要求，继续加快交通行业信息化建设，深化交通信息资源的整合开发，加强交通信息的分析利用，促进信息化与交通运输管理的有机结合，全面提升交通信息化应用服务水平。

（1）提高公共交通信息化水平。重点推进公共汽（电）车动态客流采集和智能化集群调度，完善轨道交通安全监控和应急保障系统，提升省际道路客运联网售票系统、客运枢纽协同管理和出行服务系统功能，实现多种客运方式之间的信息交换与共享。

（2）深化道路交通信息化建设。利用道路新建、改扩建工程，同步实施信息化设施建设。重点推进新城、新市镇道路交通信息采集与处理，实现与本市交通综合信息平台互联互通，完善路网诱导系统、加快诱导信息联动发布建设，扩大高速公路不停车收费系统（ETC）覆盖面，推进长三角地区道路交通信息交换与共享。

（3）加快停车行业信息化建设。重点建设停车泊位信息实时采集、停车诱导信息动态发布的信息平台，推进停车收费电子化、停车监管智能化，提升停车供需信息服务的能力和水平，提高停车效率和泊位利用率。

（4）加快航运和物流信息化建设。重点建设集口岸监管、物流运输、航运信息等为一体的航运综合服务平台；推进货运交易信息系统建设，提升道路货运交易管理中心功能。

（5）加强交通领域新技术应用。紧密跟踪新技术发展，鼓励行业科技创新，加快物联网、云计算、大数据、北斗卫星导航等新技术在交通领域的应用研究和示范推广。

（6）加强交通数据的挖掘分析。深入开展道路交通车流、公共交通客流、货物运输信息、视频监控信息、公共交通卡和其他电子收费数据等的挖掘分析，为交通辅助决策提供可靠的信息支撑。

（7）大力发展公众出行信息服务。继续完善网站、广播电视、服务热线、可变信息标志、自助查询等信息发布方式，为公众提供轨道交通运行、公交车辆到站、公共交通换乘、道路交通路况等交通信息服务。近期重点开发智能移动终端发布方式，进一步提供便捷、智能的交通信息服务，方便市民交通出行。

（8）积极推进交通信息服务产业发展。以需求为导向，加强政府引导，积极培育市场，加快政府公益性信息资源对外开放，研究交通信息服务产业发展的扶持政策，逐步形成交通信息服务产业。

2.2.6 推行“文明交通”建设

六部委《“文明交通行动计划”实施方案（2013—2015）》提出文明交通建设的具体措施：

（1）加强交通安全法制教育，提升全民交通文明素质。要充分发挥各部门职能优势，大力开展交通安全法制教育，从自觉遵守交通信号开始，增强全民交通安全意识和文明交通素质。

（2）加强媒体宣传，营造文明交通浓厚氛围。要充分运用媒体的传播力和影响力，通过报纸、电台、电视台、期刊、网络、手机短信、移动传媒等，大力宣扬文明交通“德、礼、法”理念，传递文明交通正能量。

（3）加强文明交通志愿者队伍建设，发动社会广泛参与。要充分运用社会资源，壮大文明交通公益宣传力量，加强志愿者队伍规范化建设，建立文明交通志愿服务长效工作机制。

（4）加强交通违法监督管理，建设综合防控体系。要发动各方面力量，建立包含部门监督、舆论监督和社会监督在内的交通违法综合防控体系。

（5）加强交通安全文化建设，传播现代文明交通理念。要倡导、传播“自律、包容、礼让、文明”的现代文明交通理念，将“122”全国交通安全日打造成为凝聚交通安全理念、交通法治理念和交通文明理念的文化品牌。

（6）加强交通安全及管理设施建设，创造文明出行良好环境。要充分发挥群众作为交通参与主体的积极性，通过设立热线电话、手机短信平台、网络平台等，畅通群众建言献策的渠道，反映影响出行安全、便捷、畅通的道路交通安全和管理设施问题。

第三章　城市交通与空间布局

3.0 引言

2013年国家新型城镇化会议召开，使2013年成为中国城市化的一个转折点。由此大规模新城建设将趋缓，而以公交为导向的城市集约发展逐步深入人心，存量用地的提升和旧城改造将在未来高速推开。在此历史转折阶段，本章用一节小结若干新城的建设中的交通系统规划特性，接下来一节提供一个公交引导城市总体规划的案例，最后提供一个城市中心区提升的案例，以便承前启后供业界共同思考。

3.1 新城规划交通系统布局

根据《英国大不列颠百科全书》对新城的定义，新城是“一种规划形式，其目的在于通过大城市以外重新安置人口，设置住宅、医院和产业，设置文化、休憩和商业中心，形成新的相对独立的社区”。新城的规划建设在我国近年来城镇化过程中起到了重要作用，而其发展模式和成就亦是喜忧参半。一方面，新城建设为我国城市经济发展和城市化提供了动力和发展空间和现代化城市的面貌；另一方面，缺乏特色、功能单一、用地规模过当等开发模式也带来了交通拥堵或新城缺乏活力的问题，这些问题也逐步得到了规划界和决策者的关注。探索符合中国特色的新城建设模式和更加低碳、宜居、传承中国历史文化特色的新城建设模式一直是国家和地方努力的方向。

我国新城的几种典型形式包括：

基于城市中心转移建设的中心区：如龙华、昆明呈贡；

基于产业发展的新功能区：亦庄、苏州工业园区；

基于区域和地方交通枢纽引导的新城：济南西站片区；

基于城乡统筹建设的新城市：贵州的贵安、成都的天府新城；

基于新原则新技术的规划试验区：新疆吐鲁番新城、天津滨海新区。

在2013年，一些较好的可持续新城规划也在探索可持续规划之路，尤其是以公共交通为导向的新城发展在过去一年中也取得了一些进步。一些较好的新城在规划建设中都在努力突出以下土地与交通协调发展的原则和特点：

（1）空间总体布局通常以轨道交通走廊作为发展轴带，围绕对外交通、城市轨道或 BRT 车站等重要节点进行高密度开发，并以若干中小型组团为主进行用地布局，单个组团用地规模与相应的交通出行模式匹配。

（2）同时新城和城市中心区、建成区之间具有较好的交通联系，通过城市轨道系统或 BRT 系统的建设，推进新城的 TOD 模式开发建设；依托 TOD 站点发展的重点区片，借助公共交通优势，促进城市人、物和信息的内部交流和融通，激发城市经济活力。

（3）用地功能上强化交通与用地的协调发展，通过用地布局优化、用地功能混合，整体降低交通出行需求，并提高职住平衡和公交走廊双向客流的平衡，提高公交系统运行效率。并强调步行、自行车、公共交通引导新城用地开发建设，以集约、高效地利用用地和交通设施。

（4）秉持构筑“安全、生态、高效”的城市交通系统为目标，与城市远景发展目标相结合，为本地区发展创造良好的交通服务环境，促进城市的可持续发展。

（5）加强城市道路网与铁路站场、过境公路等对外交通设施的衔接，充分发挥对外交通优势。明确道路网的布局结构，利用现有路网，有针对性地进行道路等级结构的调整、补充和完善；提高道路网的密度和效能，适应城市用地拓展需求。

（6）非机动交通设施系统，由传统的道路两侧非机动车道和人行道，向更多元的非机动车专用道、城市绿道、人行过街设施、自行车和公共自行车存放设施方向发展，并在新城核心区形成四通八达、安全方便、环境优美、层次分明的非机动车交通网络，共同承担新城内部主要的交通出行，组团内适宜的慢行交通街区尺度，组团内道路“高密度、窄路幅”。

（7）停车设施规划多采取以“配建停车为主，公共停车为辅”的原则。加强高层建筑、公共绿地等用地的地下停车场建设，提高建筑配建标准，实施配建停车场的对外开放。

3.1.1 贵州贵安新区

一、空间总体布局

贵安新区位于贵州省贵阳市和安顺市结合区域，范围涉及贵阳和安顺两市所辖 4 县（市、区）20 个乡镇，规划控制面积 1795 平方公里。其中，贵阳城市轨道交通网由 7 条线路构成，重点满足贵阳中心城区公共交通客运服务，同时作为大贵阳都市区城市轨道发展的基础网络。

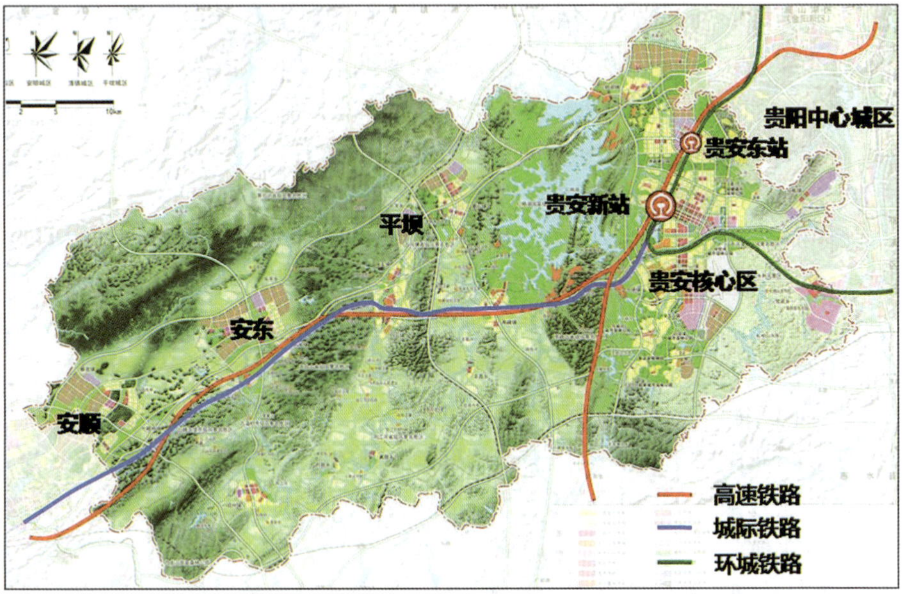

图 3–1　贵安核心区铁路客运枢纽规划布局示意

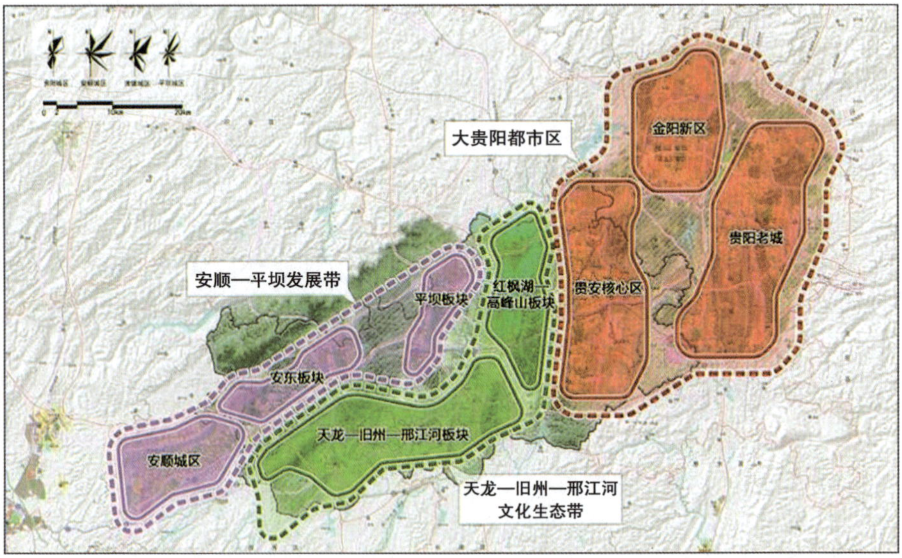

图 3–2　贵安一体化地区空间结构规划

贵安新区的核心区与贵阳市的金阳核心区和老城核心距离均在 25 公里左右，未来核心区将达到约 110 万城市人口规模。贵安新区城市轨道交通网以核心区为重点布局，满足核心区内部客运交通服务并强化与贵阳主城区客运联系。

贵安新区的规划目标是各组团间实现 1 小时内通达（<60 公里）；核心区内主

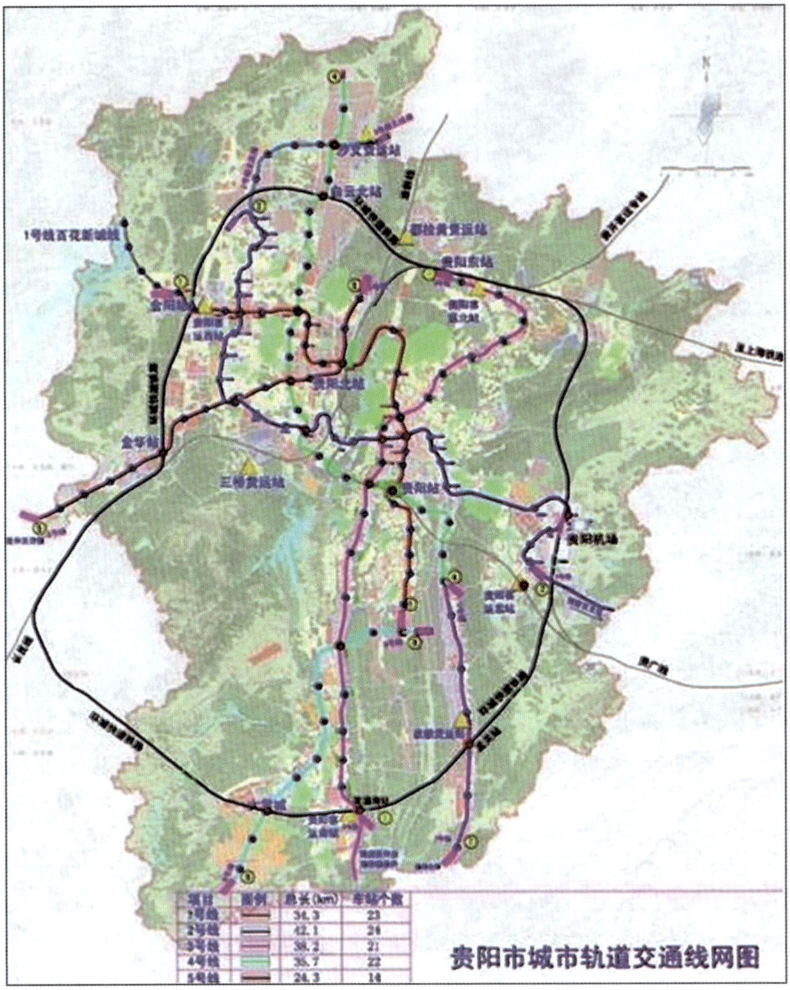

图 3–3　贵阳城市轨道交通线网规划布局图

要组团片区间30分钟通达（<30公里），大部分居民单程出行时间不超过30分钟。核心区覆盖主要空间面积230km^2；初步核算核心区快速路密度0.51km/km^2，主干路密度1.32km/km^2，次干路密度达到1.60km/km^2。

二、TOD 用地功能——提高开发强度

按照TOD模式，为了提高用地的集约使用，同时为公交设施培育更多的客流，在用地规划中上调了公交枢纽周边的用地开发强度。核心区内根据轨道站点的等级、所处区位以及周边用地类型，用地开发强度由里向外进行梯度递减。核心区内轨道站点周边用地容积率调整如表3–1所示：

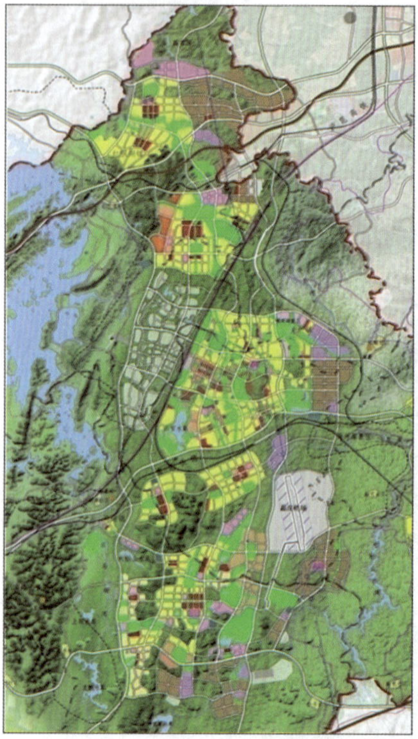

图 3–4　贵安核心区用地规划

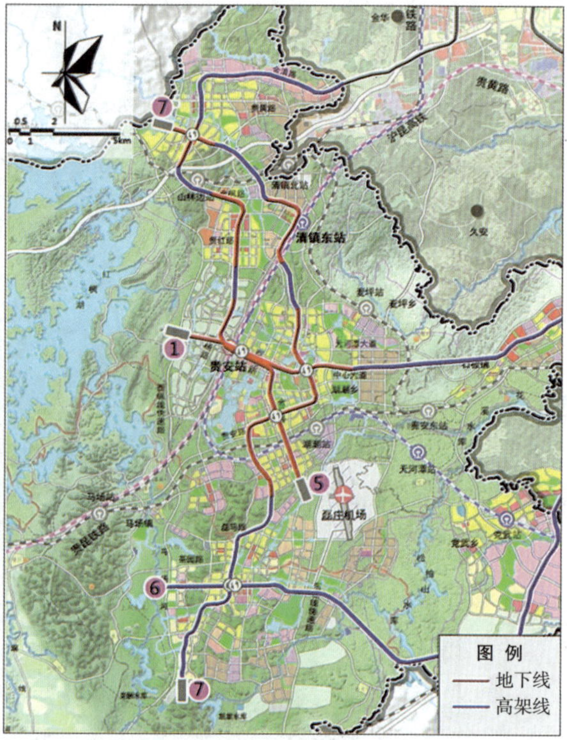

图 3–5　贵安核心区城市轨道交通线路敷设方式示意图

表 3–1　核心区轨道站点周边用地容积率上调建议值

高密度开发地区			
用地类型	与站点距离 <200 米	与站点距离 200 ～ 500 米	容积率上限值
商业办公用地	80% ～ 100%	70% ～ 80%	换乘站：9.0/ 一般站：5.5
居住用地	40% ～ 50%	30% ～ 40%	换乘站：3.5/ 一般站：3.0
一般开发地区			
用地类型	与站点距离 <200 米	与站点距离 200 ～ 500 米	容积率上限值
商业办公用地	50% ～ 60%	40% ～ 50%	换乘站：7.5/ 一般站：3.5
居住用地	30% ～ 40%	20% ～ 30%	换乘站：3.0/ 一般站：3.5

三、交通系统

在功能分类细化的基础上，以现有道路规划规范为基础，对结构性道路和生活服务性街道进行了区分。结构性道路包括三级，强调其交通功能性，分别是Ⅰ级快速路、Ⅱ级主干路和Ⅲ级主干路。生活性道路包括两级，强调其服务周边用地的特性，分别是Ⅳ级次干路和Ⅴ级支路。对不同级别道路的规划指标与要求如

表 3–2 所示：

表 3–2 贵安新区道路分级与使用功能要求一览表

分项	服务特征	结构性道路		一般生活服务性道路			景观休闲
		城市快速路（Ⅰ级）	结构性主干路（Ⅱ级）	一般性主干路（Ⅲ级）	次干路（Ⅳ级）	支路（Ⅴ级）	绿道（Ⅰ、Ⅱ、Ⅲ级）
机动交通	道路红线（米）	无辅路：35 ～ 40 有辅路：70 ～ 100	36 ～ 80	30 ～ 45	25 ～ 40	12 ～ 20	—
	道路限速（km/h）	60 ～ 80	60	40	30 ～ 40	20 ～ 30	—
	双向机动车道数（条）	6 ～ 12（含辅路）	6 ～ 8	3 ～ 6	4	2	—
公交与慢行	公交线路 / 公交专用道	—	有轨电车、常规公交线路 / 可设置公交专用道	轨道快线、有轨电车、常规公交线路 / 有条件均设公交专用道		常规公交线路	—
	常规公交站点形式	辅路设站	港湾站	港湾站	港湾站 / 路边站	路边站	—
	人行道与自行车道	设置于辅路，机非严格隔离	机非严格隔离	机非物理隔离	独立 / 机非共板	独立 / 机非共板	独立
	人行过街设施	立体过街	立体过街为主，信控地面过街为辅	信控地面过街为主	地面过街	地面过街	—
用地服务	用地开口	主路禁止	限制	适当	允许	允许	允许
	用地开发类型	绿地、工业、居住	居住、绿地、工业	商住、公建、产业、绿地			
	开发强度	中、低	中、低	中、高			
	路内停车	主路禁止	限制	适当	适当	适当	—
	货运交通	允许	部分限制	限制	限制	限制	—
景观	景观与风貌塑造要求	防护为主，景观功能较弱	较强	较强	较强	较强	强

四、小结

（1）贵安新区以轨道交通、BRT 等系统为代表的大容量公交客运系统作为城市交通系统支撑。城市轨道交通将由两个城市轨道交通网共同构成一体化的大贵阳城市轨道交通网络；

（2）核心区与贵阳中心城区具有较好的交通联系，促进起步区按 TOD 模式开发建设；

（3）在道路系统规划中，提出结合功能考虑的结构性道路与生活性道路的分类，不仅以道路宽度来决定其使用设计标准，而是综合考虑了周边的功能要求；

（4）推行 TOD 的用地开发模式，根据公共交通的承载力来调整用地容积率的控制范围，集约、高效地利用用地和交通设施；

（5）在核心区形成四通八达、安全方便、环境优美、层次分明的慢行交通系统，共同承担核心区内约 35% ～ 40% 的交通出行。

3.1.2 山东济南西客站新城片区

一、空间总体布局

西客站“枢纽新城”位于济南市西部，是济南市适应自身城市发展要求，依托京沪高速铁路发展的城市新区。西客站片区处于新区中心，距主城区中心约 10 公里，规划范围东到二环西路，西到京福高速公路，北到小清河，南到腊山

图 3–6　济南西客站新城片区空间总体布局

分洪河，规划面积约 26 平方公里。西客站片区核心区将成为未来济南市对外形象展示的标志性地区。

新城片区距主城区中心约 10 公里，规划以地铁为主导，BRT 为补充，与主城相连接。连接新老城区的地铁、BRT 线路大多分布在新区发展轴带上，通过轨道和 BRT 系统的建设，促进该地区按 TOD 模式开发建设。

核心区西起高铁站，东至腊山北路，南起张庄路延长线，北至兴福路，总面积约 2.98 平方公里，规划为“双轴、双心、多点”的空间结构。

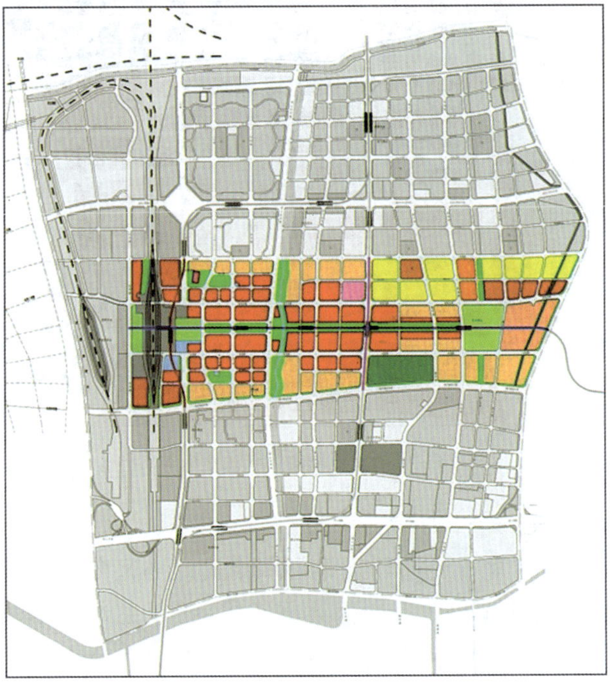

图 3–7　济南西客站新城片区核心区城市设计

双轴是指东西向的人文景观轴和南北向的自然生态轴。双心是指站前综合枢纽和双轴十字相交形成的空间节点。多点是指依托 TOD 站点发展的重点区片，借助公共交通优势，促进城市资源的交流和融通，激发城市经济活力。

二、功能布局

参照高铁带动城市发展的一般规律并结合济南实际，对核心区的功能定位以新经济发展为纽带，促进城市经济结构演进，推动空间发展的结构平衡，提升城市影响力，构建济南门户 HBD。

确定了以金融服务业、企业管理服务业、知识型商务服务业等专业化服务为主导，以展会业、商贸休闲服务业为辅助，以房地产业为基础的产业类型。对各类产业的规模层级进行了科学预测。利用 5 年到 10 年时间，精心打造核心区总部街、金融街、会展中心、文化休闲街和专业商业街等特色街区。

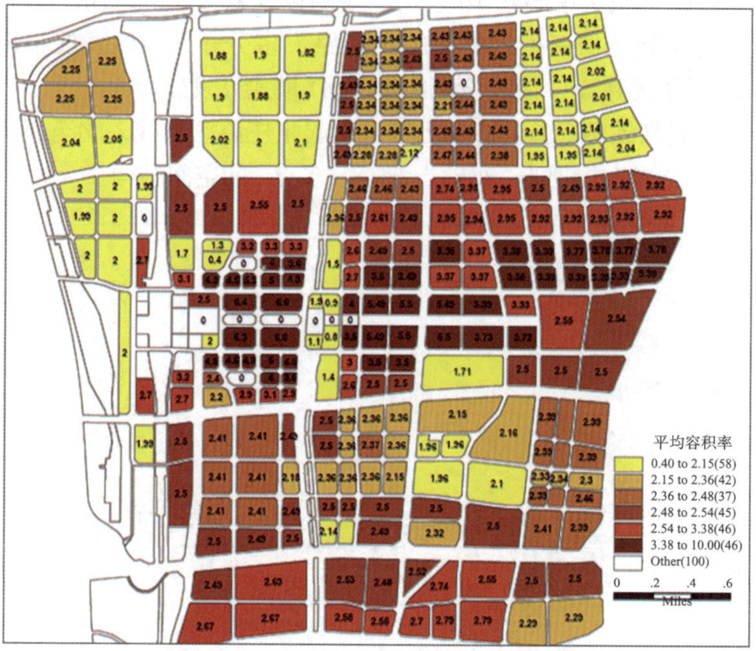

图 3–8 济南西客站新城片区容积率图

三、交通系统

综合交通规划。以“整合交通与土地利用模式，协调多种交通方式”为导向，以“优先发展交通基础设施和大容量公共交通体系”为战略，形成老城区—西客站片区—大学城的交通主轴线，在各个组团之间以快速公交为补充，形成各城区、组团之间的便捷交通体系。片区内道路网络和公共交通系统与对外交通设施衔接紧密，换乘便捷。道路网络布局结构、密度合理，快 : 主 : 次 : 支路长度比例为 1:3.80:3.77:5.63，密度分别为 0.4、1.6、1.80、2.5km/km^2。形成了以“大金路、北园路、腊山河西路、经六路延长线等”为骨架的主次干道系统，道路总长 100 多公里。

规划公交枢纽站，占地 2.25 公顷，设 29 条公交线路。规划的轨道交通 1 号线、6 号线在站前广场呈十字相交，与高铁、长运、公交有机衔接，形成高效便捷的交通换乘体系。规划的长途客运枢纽占地面积 5.1 公顷，是未来济南西部城区最大的长途客运站，日旅客发送量将达 2.5 万人。

济南西客站的旅客发送量 2020 年将达到 2151 万，2030 年将达到 2807 万。届时，将以站场枢纽为中心，由京沪高铁、胶济客运专线、京福高速、轨道交通

1、6、7 号线共同形成内外衔接、集散有序的大运量快速客运体系。随着北园路、二环西路、党杨路、经十路等城市快速通道的打通，西客站片区将成为城市交通最便捷的区域。

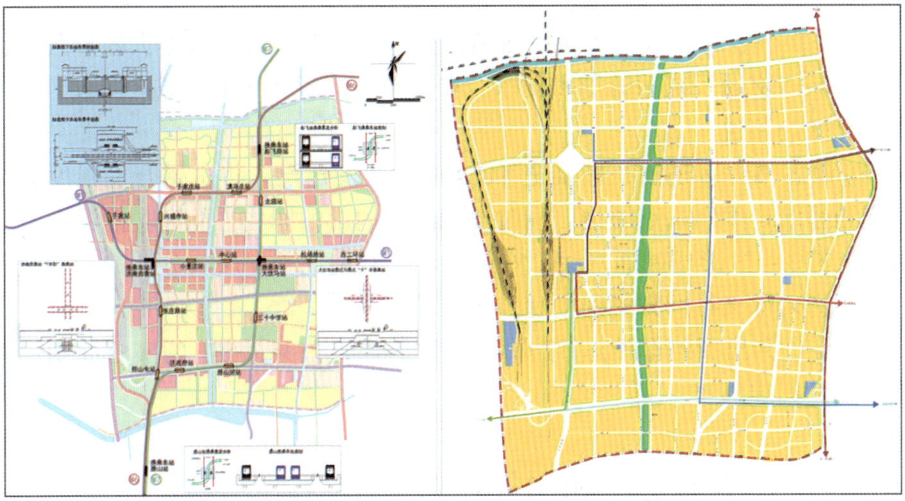

图 3–9　济南西客站新城片区轨道交通与 BRT 规划图

四、非机动车交通

新城片区内部步行和自行车出行更便捷。区内规划密集成网、四通八达、安全方便、环境优美、层次分明的自行车道和步道网络，短距离内部出行的方便程度远高于机动车。

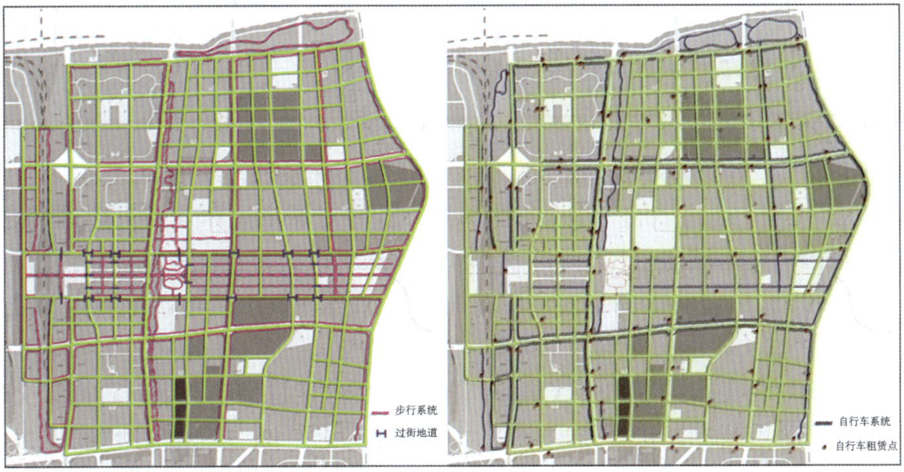

图 3–10　济南西客站新城片区步行自行车系统规划图

五、停车设施

停车设施规划采取“配建停车为主，公共停车为辅”的原则。加强高层建筑、公共绿地等用地的地下停车场建设，提高建筑配建标准，实施确保其对外开放。

六、小结

（1）济南西客站片区围绕高铁站场，打造以轨道交通、BRT大容量公交客运系统作为城市交通系统的骨干和支撑。有效地推动新城和中心城区在人、物、信息上的交融与流通；

（2）西客站片区还能积极推进TOD模式开发建设，将主要开发强度集约到公共交通系统走廊和站点周边，同时强化组团内部的职住平衡和功能混合；

（3）在核心区形成四通八达、安全方便、环境优美、层次分明的慢行交通系统，短距离内部出行的方便程度远高于机动车；

（4）重点突出了停车设施规划的“配建为主，公共为辅”的实施原则，并提高建筑配建标准。

3.2 公共交通支撑和引导城市发展

2012年，国务院发布64号文（《国务院关于城市优先发展公共交通的指导意见》。国发〔2012〕64号）文中关于科学发展第二条提出：“二是综合衔接。突出公共交通在城市总体规划中的地位和作用，按照科学合理、适度超前的原则编制城市公共交通规划，加强与其他交通方式的衔接，提高一体化水平，统筹基础设施建设与运营组织管理，引导城市空间布局的优化调整。”强调了公共交通在城市总体规划中的地位和作用，为公共通引导城市空间布局优化提供了有力的支持。

案例：2013年《珠海TOD总体规划》

一、背景与概述

2013年，珠海市政府对城市未来发展开展了一系列系统的规划工作，《珠海TOD总体规划》是其中的一个，并在珠海市即将对城市总体规划进行修编之际，第一次在国内作为城市总体规划的专项规划。珠海市希望在原概念规划的基础上，引入TOD理念，使城市的交通和用地布局更加合理，并把部分成果纳入城市总体规划。

本次规划由美国的卡尔索普事务所担纲，美国能源基金会宇恒可持续交通研究中心和珠海市规划院进行技术支持。在规划开展前夕，珠海市刚刚完成由新加坡雅思柏设计事务所开展的珠海市概念性总体规划。与规划同步进行的是中国城市规划设计院团队开展的城市总体规划。

珠海市概念性总体规划项目覆盖600平方公里的范围，未来规划人口为650万。TOD总体规划中采用了原概念规划2040年和2060年两个时间段的分期规划，而未采用2020年的规划，因为其距离段过短，诸多在建项目和重要基础设施已经开始建设，再规划的意义不大。原概念规划将整个研究范围划分为6个片区（如图3–11所示）。TOD规划主要基于这6个片区，兼顾刚刚完成的唐家湾片区TOD规划。

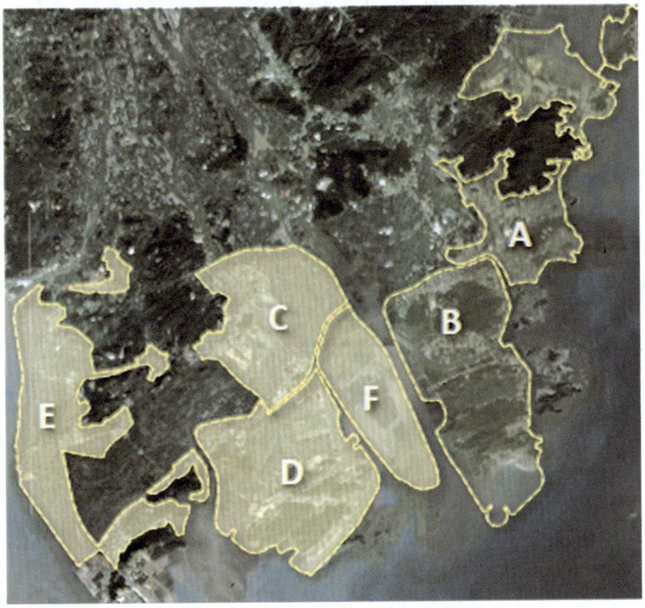

图3–11　规划范围

二、规划思路、方法和程序

本规划调整传统的规划思路，使得重要的地区成为适宜步行、以公交为导向和业态混合的“TOD片区”（或称为“公交先导区”），这一做法能够为城市提供安全、便捷和节约的替代小汽车的出行模式，从而自然而然地缩减小汽车的出行分担率。TOD片区规划首先需构建新的土地利用模式使日常出行距离缩短，并适当聚集重要城市功能，使一次出行即可抵达若干不同的目的地。这能够增强步行的便利性，继而提高了公共交通的可达性和吸引力。其次是围绕大运力的公交系统来建设商业区，并将这些就业中心合理地在城市中分散。这些措施可以使交通流更为均匀地分布在公交网络的各条线路和各个方向，使其更为高效。

以上目标通过总体规划和控规两个层面来进行调整。在总体规划层面，规划有高容量公交服务水平的重点片区将被指定为TOD片区。这些有着很高标准的公交基础设施投资的区域也理所当然应该提供便利的步行环境。那些没有公交服务，或者低开发强度、单一用途的片区（例如厂房、仓库、机关院校）不可作为TOD片区。接着，根据公交服务水平的不同，TOD片区内部进一步加入三种不同的“中心”。公交服务水平越高，“中心”的开发强度与商业容积率就越高。例如，有两条地铁线交会的区域会安排区域内最高强度的城市开发，并布置写字楼、住宅塔楼以及区域性的零售商业。而只有一条BRT服务的片区则主要为居住区，配备有服务本地的商业功能。

概括起来，本次规划主要分为四个步骤：1）在总体规划层面，根据土地利用类型以及公共交通服务水平来指定TOD片区；2）在TOD片区内部，根据公交服务水平来划分不同的混合利用中心和廊道；3）修改TOD片区内的交通网络以形成更为适宜步行、自行车和公交的“城市格网”；4）通过由若干街区类型构成的土地利用规划体系来营造更为适宜步行的城市环境。通过这些步骤，可以把一个城市的概念性总体规划用TOD的理念来提升（如图3–12所示）。

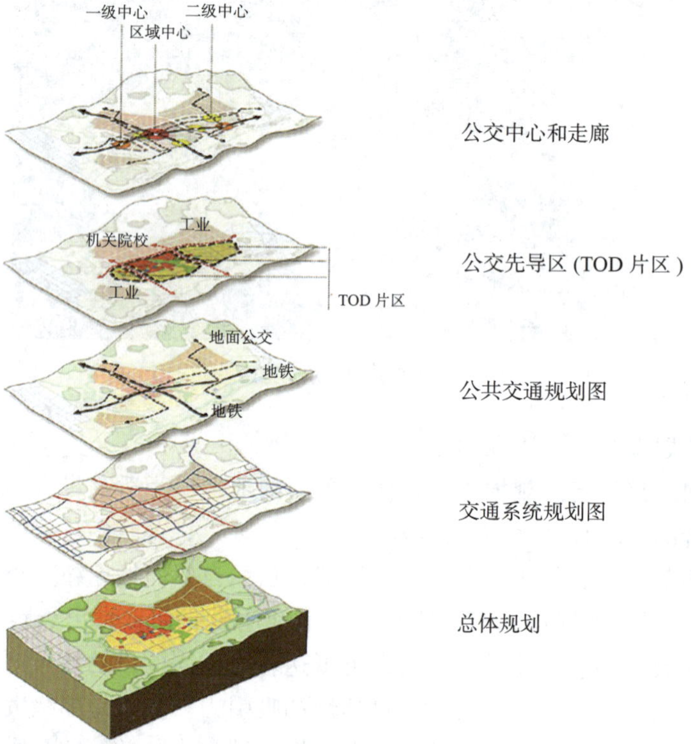

图3–12　城市总体规划向TOD规划的转变

三、规划成果

（一）对原概念规划方案道路系统的调整

TOD规划的路网方案是在原概念规划方案的基础上，对部分高速公路和准快速路进行了调整。如将在鹤州与金湾片区临水的地段的快速路转换成公交林荫道（如图 3–13 中蓝色走线所示），以减少快速路对滨水空间的阻隔，提高商业中心的公交服务水平和商业活力。

图 3–13　把原来的城市干道转换为公交林荫道

本次 TOD 规划致力于增加土地利用与交通体系的融合，其核心在于公交林荫道的应用。公交林荫道能够将公交、过境交通、步行交通、自行车以及零售商业等多种功能结合起来，成为一个片区的特色（图 3–14）。

图 3–14　公交林荫道的意向

（二）对原概念规划方案地铁和公交系统的调整

原总体规划概念方案的公交系统包括一个覆盖广泛的轨道交通网络，四条线路总长 292 公里（图 3–15），并需要在西江上建设三座桥梁。TOD 规划对于沿西海岸规划轨道三号线持保留意见，因为在该地区的预测人口 2040 年只有 59.9 万人，2060 年只有 86 万人。

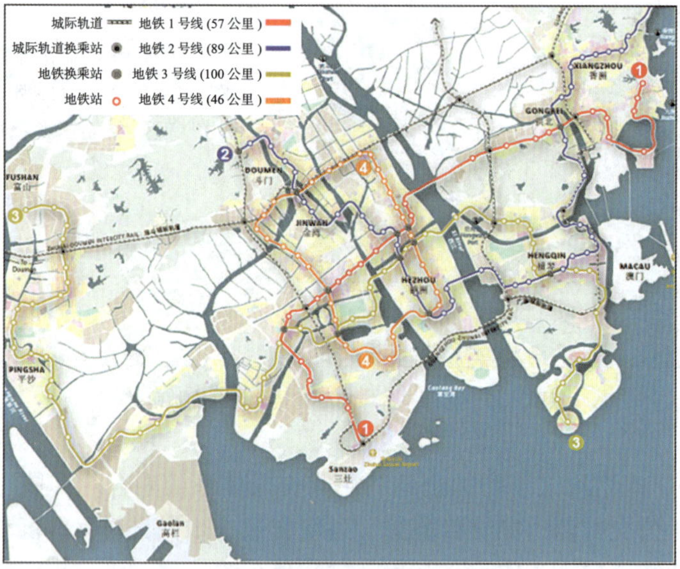

图 3–15　原概念方案的地铁系统图

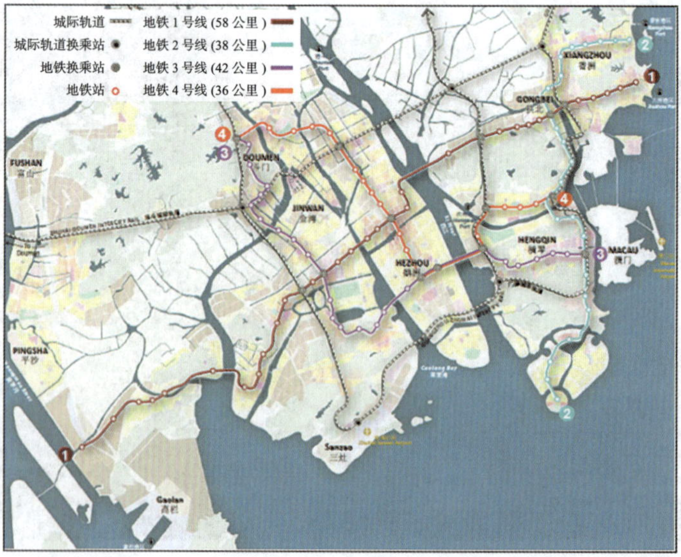

图 3–16　TOD 规划方案的地铁系统图

TOD 规划的轨道交通包含 4 条总长 174 公里的线路，在西江上只需建设两座大桥，比原概念方案少一座。选线布局综合了原概念方案和珠海市规划院聘请的公交顾问的建议。时间不允许规划团队对详细布线进行可行性论证，所以采用和现行规划一致的线型。在本方案中，1 号线自西部珠海大道开始，因为在南部规划有更大的开发强度和混合用地。在拱北地区，为了节省成本和出行时间，1 号线没有跨越海湾。2 号线是由原规划方案中的 2 号线和 3 号线结合而成，因为在城市东部有一条更直接联系南北的交通廊道。3 号线主要担负金湾和斗门之间的南北向运输任务，以便在早期提供该地区的公交服务。这条线路在原规划方案中一条快速路的下方（TOD 规划建议这条快速路改为公交林荫道），通过横琴一直向东连接到海岸。4 号线穿过鹤洲中心区，可以根据那里中央商务区的开发时序分期建设。该线路与 3 号线合用一座大桥，向东可到达十字门地区。

TOD 规划的公交网络是通过覆盖更大范围的公交林荫道来支撑规划的轨道交通体系。地面公交方式，包括快速公交，有轨电车和街车在公交林荫道上使用专用通道，提供高品质、低成本和大容量的服务。

规划建议建设 300 公里的公交林荫道（图 3–17），这一布局比起原概念规划

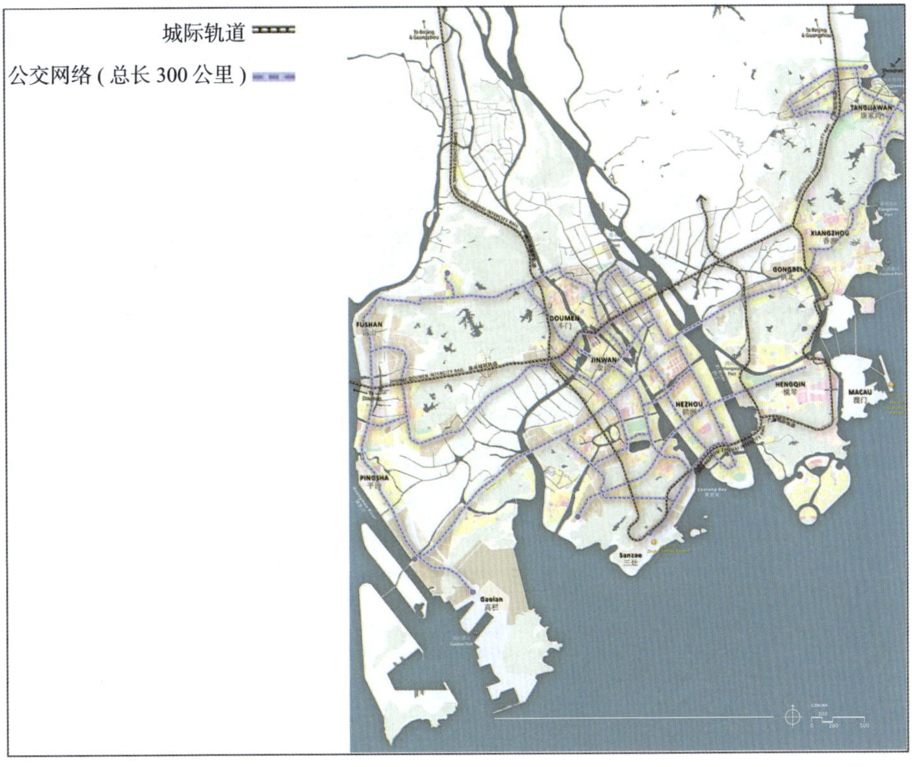

图 3–17　TOD 规划建议的公交林荫道系统

单纯依靠轨道线路的方案，为市民提供了更多的公交服务，并且到达公交站点的步行距离也缩短了。公交走线将主要沿着TOD片区中的公交林荫道布局，部分地区将沿快速路布局以便连接各个TOD片区。TOD规划建议的公交系统是一个具备各种公交类型和出行时间的健康体系。出行距离较长的轨道交通设置较少的站点来保证合理出行时间，同时与之配套的是覆盖面更广，可达性更好的公交林荫道。主要的多功能换乘站点提供充足的交通换乘方式。两条轨道交通线和四条公交林荫道将服务新的中央商务区。

四、TOD分区划定及中心和廊道的确定

运用之前介绍的标准，城市被分为28个TOD片区和11个工业区(图3–18)。TOD是依托公交线路和站点的混合用地区域，其边界通常是以快速路、大型开放空间或水体等步行障碍所确定的。工业区是指公交服务范围内的就业集散地，区内没有大量的住宅用地。在每个TOD片区内，根据与不同公交站点的距离远近，用地的密度和混合程度有所不同。较高程度的公交服务会配套较高密度的开发，同时也有较高的商住比例。

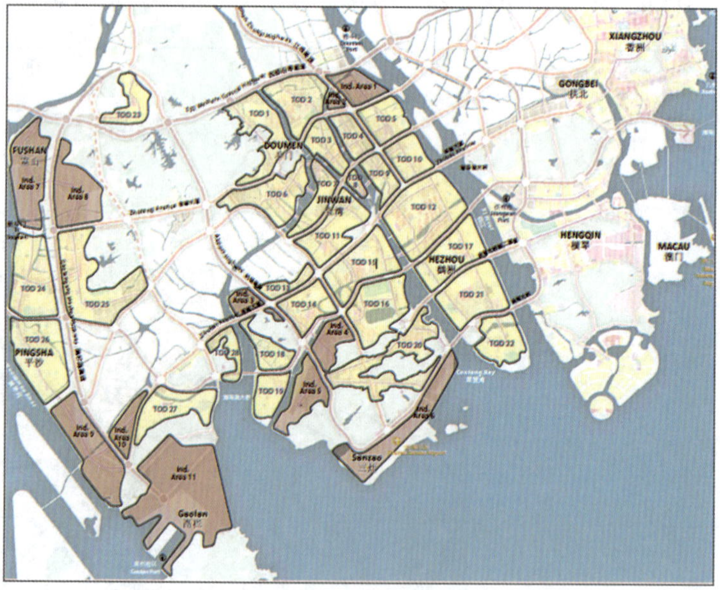

图3–18 TOD分区的划分

在TOD片区内部，根据公交服务水平来划分不同的混合利用中心和廊道。中心被划分为区域中心、一级中心、二级中心和组团中心。见图3–19。最后，按照TOD开发强度的要求，对各级中心的人口和岗位数进行了规划。图3–20显示在每个TOD区不同的用地指标和公交站点类型。

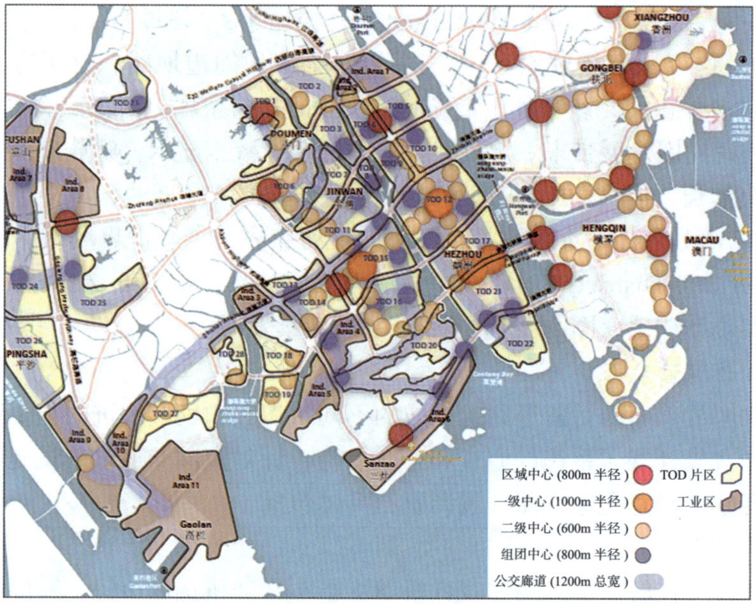

图 3–19 TOD 中心和廊道

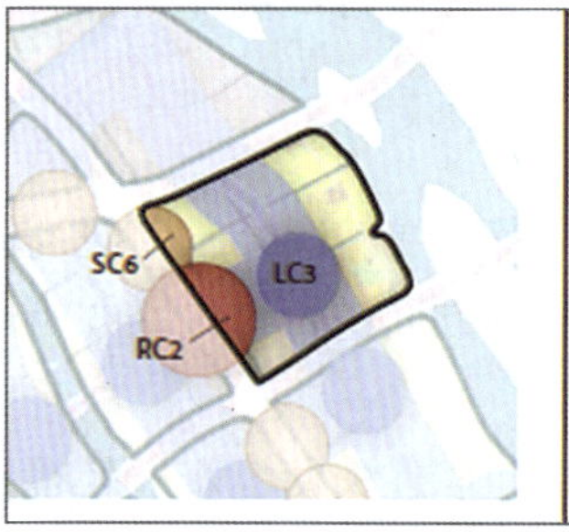

TODS

中心 / 走廊类型	编号		面积（公顷）	目标人口（人）	目标岗位（个）
区域中心	RC	2	96	24000	19200
二级中心	SC	6	51	10200	5100
三级中心	LC	3	113	16950	5650
公交走廊			271	33875	13555
其余地区			382	38200	3820

图 3–20 TOD 中心的人口和岗位

3.3 城市中心提升与交通系统提升

3.3.1 案例一：重庆解放碑中心活力区——步行环境与活力

一、背景

重庆市解放碑商圈建立于 20 世纪 70 年代，自 1997 年重庆设为直辖市后逐步成熟。商圈地处渝中半岛和嘉陵江、长江两江汇流地带，是重庆市传统的商业中心和历史文化中心，每天吸引大量购物、娱乐和旅游人群，解放碑步行街更是中国第一条商业步行街。同时，解放碑商圈也是重庆市中央商务区的所在地，约

0.92km^{2}范围内已建和在建高100m以上办公楼(酒店)超过50座,平均高度超过150m,平均容积率超过5.0,影响力辐射全市和周边地区。近年来,随着重庆城市空间向外拓展,新区外围商圈(如观音桥、杨家坪、南坪商圈等)不断兴起,给解放碑商圈发展带来一定挑战。渝中区统计数据显示,解放碑商圈年销售额保持较快增长,但自2011年起增速有所放缓。2013年3月,渝中区政府提出要充分发挥解放碑商圈的商务、商贸双轮驱动优势,借鉴世界城市中央商务区(Central Business District, CBD)向中央活力区(Central Activity Zone, CAZ)发展的趋势,实现解放碑商圈的"提档升级"和可持续发展。

二、调查与公众参与

鉴于对解放碑商圈目前遇到的挑战的不同认识和识别应改进的主要因素的需要,本规划首先开展了系统的调查和公众参与,针对商圈交通基础设施、系统运行、使用者感受与意愿等方面开展调研,具体包括:

(一)问卷调查

组织调查员在解放碑商圈和观音桥商圈街头,随机选取市民填写问卷,问卷内容主要涉及被调查者的性别、年龄、收入水平、消费习惯、居住地等基本信息,以及到商圈的目的、交通方式、选择商圈因素排序、步行环境评价等,共发放问卷535份,回收有效问卷502份。

(二)商户座谈

在区政府组织协调下与27名商家和行业协会代表开展座谈会,围绕商圈现状、盈利水平、目标定位、交通状况的满意度和影响等方面进行讨论,并听取商户对步行交通环境改造的意见和建议。

这前两项调查和座谈识别商圈活力的五大要素,如职住失衡、步行环境、外围交通等(图3–21)。由此梳理出提升活力的系统措施和三年实施计划,由不同部门分工负责,以达到系统地提升商圈活力的目标。其中职住平衡的研究和步行

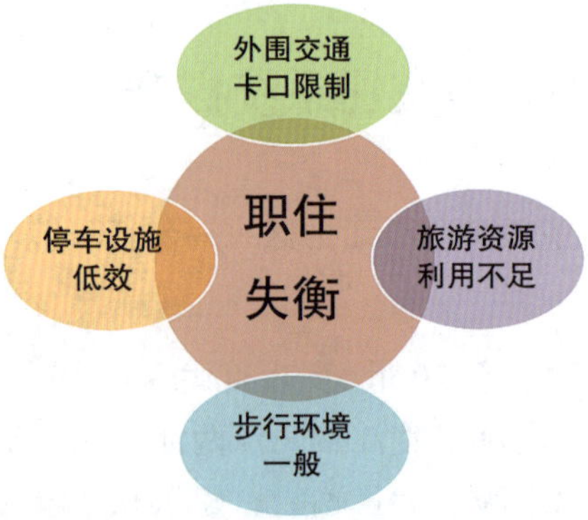

图3–21 商圈调查识别的主要挑战

环境提升成为重点项目。

（三）PLPS 调查

PLPS（公共生活—公共空间）调查方法由针对行人流量、停留活动统计的公共生活（Public Life）调查以及针对交通设施、街道界面和特定专题（如行人过街、机动车停车）的公共空间（Public Space）调查两部分组成。重点通过对研究区域内各路段行人流量和停留活动的时空分布、公共空间尺度和街道界面质量等方面开展定量与定性相结合的分析，掌握步行行为特征和影响因素，识别步行交通环境的问题和改进潜力。

根据调查，商圈内部步行活动需求旺盛。根据 2010 年调查数据，解放碑步行街工作日白天（10:00 ～ 18:00）步行流量达到 32400 人次，夜晚（18:00 ～ 22:00）达到 17544 人次，且周末与工作日没有显著差异。此步行规模与一些世界级商业步行街的步行流量相当，根据商圈现有开发强度和街道容量，步行活动未来仍有发展空间。此外，步行街的停留活动强度也较高，活动类型以购物和休憩为主。其次，商圈对外交通以公共交通为主，步行接驳重要性突出。问卷调查显示，进出解放碑商圈的人群中有 66% 采用公共交通，仅 16% 采用小汽车，其余 18% 采用步行或其他交通方式。

调查还显示，步行交通环境是消费者选择商圈的重要因素。与步行交通环境相关的“步行街环境好”“离家或单位距离近”“公共汽车与轨道交通便利”等均是消费者选择商圈的重要考虑内容，超过 50% 的受访者将“步行街环境好”列为首选项（见图 3–22）。商户在座谈时也表达了类似看法，认为步行交通环境是商圈

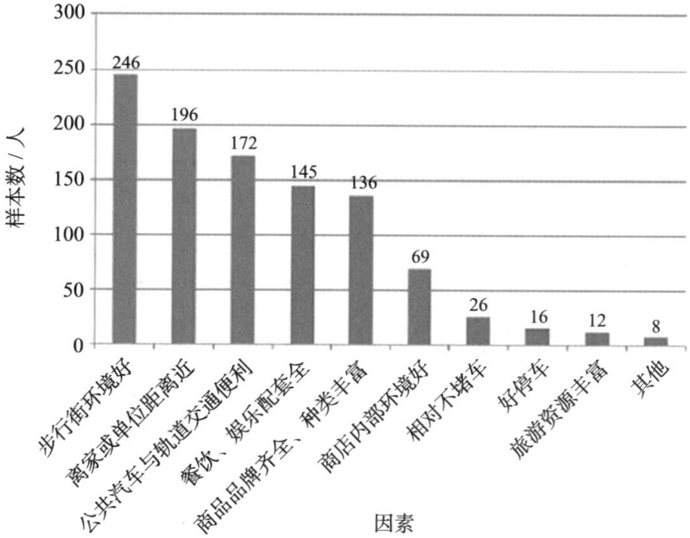

图 3–22 消费者选择商圈因素排序

聚集人气、刺激消费的重要条件。

其次，采用步行和公共交通方式的人群对解放碑商圈消费额的贡献远大于采用小汽车的人群。根据受访者消费习惯分析，公共交通人群为商圈带来的消费额占 50%，而小汽车人群占 31%，步行人群占 19%。此外，在商圈平均月消费超过 3000 元的调查样本中有 64% 采用步行和公共交通，而仅有 36% 采用小汽车。此数据颠覆了“开车族”才是商圈消费主力军的传统观念，说明提升步行和公共交通环境质量对于创造商机至关重要。

三、步行交通现存问题

（一）步行交通网络连续性不足

首先，行人过街不便。通过 PLPS 公共空间调查发现，部分交叉口行人过街绿灯时长仅 20s，部分过街需求较大的交叉口缺乏遵循过街期望线的平面过街设施。市民违章过街现象严重，例如解放碑王府井百货商场前一处交叉口，虽然附近有地下通道，行人地面过街违章率却高达 90%。

其次，部分街道界面消极。通过“地毯式”勘查评价，得出解放碑道路的消极界面比率达到 50%。究其原因，商圈内新建有较多的高层办公建筑，却忽视了建筑底层的人性化设计。另外，商圈多个地块处于施工阶段，施工围挡界面消极，甚至侵蚀原有步行空间。

（二）欠缺人性化设施

根据问卷调查，街头受访者对解放碑商圈步行空间质量的评分平均为 3 ～ 91（满分为 5），结果并不能令人满意。在回答“解放碑商圈还缺些什么”的问题时，受访者反映最多的是欠缺人性化设施（见图 3–23）。

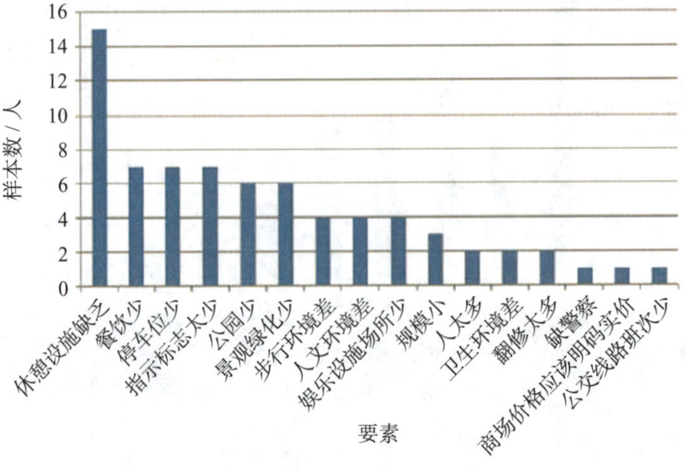

图 3–23　商圈缺乏要素排序

（三）背街小巷利用不足

重庆夏季炎热，解放碑商圈内的商业步行街以硬质铺装为主，易形成热岛效应不利于步行体验。同时，商圈内也分布着不少背街小巷，位于高层建筑的夹缝之中，微气候条件良好，是主要公共空间的重要补充，但是调研发现这些小尺度空间缺乏整体规划包装、步行和休憩环境较差，利用效率普遍较低。

（四）步行空间被机动车侵占

市民和商户均反映商圈的违章停车问题十分严重，机动车侵占人行道停车的现象普遍存在，对商圈整体步行环境带来负面影响。调查发现，停车设施满载率高、周转率低，现行停车收费政策倾向对长时停车予以优惠，从而使通勤人员受益，但牺牲了短时停车为主的商圈消费者，因此商圈停车难的症结在于停车收费结构不合理。

四、步行交通系统规划目标与策略

解放碑商圈拥有丰富的城市公共空间资源，但缺乏有效组织，使得彼此之间失去联系，难以形成完整的系统。并且，商圈内各类空间缺少定位，空间界面品质参差不齐，存在较多消极空间，造成部分地段活力不足。因此，规划目标设定为：为解放碑商圈创建全方位的、适应不同特性的步行交通网络，逐步形成具备复合功能、高品质的城市中心公共空间系统，实现商圈内主要节点有机联系，最终使解放碑成为长江上游区域的商业中心和集购物、休闲、旅游于一体的世界级商圈。

在规划策略方面，围绕规划目标，对解放碑商圈内的公共空间进行进一步识别与解析，主要类型涵盖城市公共设施（艺术中心、商业综合体等）、广场、步行街、城市道路、街道小巷、公园、历史文化遗址和主要公共交通设施（轨道交通车站、公共汽车站）。根据这些空间设施的功能、等级和服务居民，强调空间品质和形态的生活化。

（一）塑造特色小尺度网络

小尺度网络是城市公共空间网络下的“毛细血管”，主要空间类型包括传统背街小巷、街头小广场、街头绿地等。由于尺度宜人，此类空间往往成为白领午休、朋友小聚、会面、社交的好去处。小尺度网络虽然是最微观的层级网络，但更利于打造特色，使城市空间和城市生活更加丰富多彩。

（二）设置联系滨江空间的步行通廊

由于地形高差较大，目前城市公共生活中心缺乏与滨江地区的便捷联络，使得渝中半岛形成了“上、下半城”的空间格局。为了打破这种格局，识别和设置联系中心与滨江空间的通道十分重要。规划将充分利用城市现有交通设施，例如电梯、自动扶梯、缆车等，与垂直江岸分布的街巷系统紧密联系，构建步行通廊，实现城市生活相互交融，并成为吸引游客的特色场所。

（三）构建服务于全重庆、有活力的混合功能区

除了公共空间，规划也涉及了公共空间周边土地利用政策的调整。单一的土地利用，必将造成城市公共空间使用率的不均衡。调查显示，解放碑商圈在建设过程中，大量单一功能的写字楼、商业中心挤占了居住功能，使得这一区域的城市生活在夜间出现空心化。城市活力应是全年全天候的，所以调整土地利用政策、强化土地利用的混合性和多样性成为规划的重要策略和工作。

（四）建设服务于娱乐、休闲和连通的滨江区域

滨江区域城市公共空间的片段性和设施配置的单一性，降低了滨江地区公共空间的吸引力和使用效率。因此，应提升滨江地区公共空间品质，加强滨江空间的联系，提供更多形式的休闲活动，引入跑步道，补充完善公共空间网络体系，充分体现自然山水格局。

五、步行交通系统网络规划与设计指引

（一）网络规划

规划打破传统“以车为本”的主、次、支道路分级体系，以公共空间和接驳公共交通的功能定位为出发点，采用类型学方法对现状公共空间进行梳理。网络由 8 种类型的公共空间构成：轨道交通入口广场、核心步行空间、城市道路、慢速道路、街巷、上下半城联系通道、滨江地区和公园、小型广场，见图 3–24。

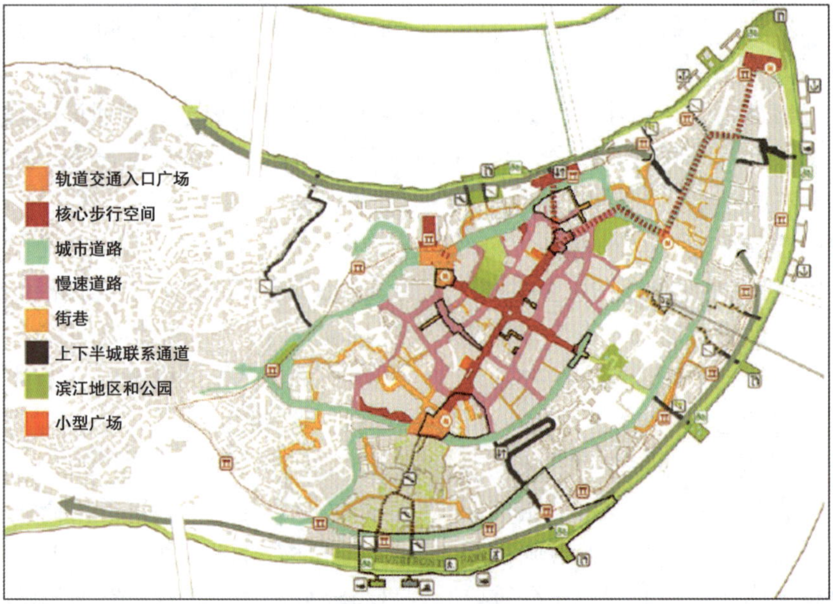

图 3–24　公共空间与步道网络规划

（二）设计指引

1. 轨道交通入口广场

轨道交通入口广场对于选择轨道交通出行的人群而言是抵达解放碑商圈的首要地点，其设计要求包括：外观易于识别；配置适宜步行的地面铺装；提供座椅和遮阴设施；设置综合信息和引导标志；建立与地面公共交通的便捷联系；注重广场周边建筑高密度开发和高品质设计。

2. 核心步行空间

核心步行空间是本地居民、上班族和游客共享的最重要的公共空间，是解放碑商圈的“客厅”，构成了本地区公共空间网络的主干。其设计要求包括：与其他类型公共空间具备良好的连通性；采用高标准、特色化且适应不同城市活动（含大型活动）的地面铺装与设施；设置优质的座椅及室外咖啡（茶）座；提供绿化和遮阴避雨设施；设置引导标志；建立沿街建筑室内外通透而有趣的联系，以提供连续、丰富、活跃的围合界面。

3. 城市道路

城市道路作为解放碑商圈步行核心空间外围的网络要素，应定位于让所有交通方式都能得到高效合理使用，并体现完整街道理念。其设计要求包括：优化道路的路权空间分配，提供空间宽裕的人行道、公交站台、机动车道；有条件的平缓路段可设置自行车道；沿街禁止路内停车；提供人性化的过街设施和多样化的休息场所；沿街建筑加强功能混合，并设置底层商业。

4. 慢速道路

慢速道路以步行为最高优先权，兼顾其他交通方式，降低机动车行驶速度，减少过境交通。可允许短时路内停车，但应明确停车位标志，并加强违章停车管理。其设计要求包括：采取交通稳静措施降低车速；避免人行道与机动车道之间的高差，方便行人灵活过街，允许人车混行；通过变化地面铺装区分道路通行空间和路侧停留活动空间；提供丰富和多样化的街道家具，如座椅、照明、公共艺术品、健身设施、摊位设施等；沿街建筑强调活跃和小尺度立面设计，增加开口，并加强功能混合使用。

5. 街巷

街巷是解放碑商圈内小尺度且具有一定私密性和历史文化特色的网络要素。街巷应限制机动车进入并主要供行人使用，作为步行网络“微循环”的通行捷径，同时兼具商业、娱乐和休闲功能。其设计要求包括：统一地面铺装风格以加强引导和可识别性；融入艺术性和本地文化元素；设置趣味性小品设施，满足社区生活需要；鼓励街道生活多样性，包括设置摊位、沿街小吃店和酒吧等；局部消极界面采取竖向绿化；运用水和遮阴设施等要素营造场所宜人的“微气候”。

6. 上下半城联系通道

渝中半岛山地地形将解放碑商圈及周边地区分为了上下半城，上下半城联系通道是提升地区整体吸引力、加强便捷联系的关键要素，用以联系商圈繁华地段和周边住宅以及滨江空间、历史古迹等区域性吸引点。其设计要求包括：灵活利用阶梯、升降电梯、自助扶梯或缆车等设施解决高差问题；加强标志引导；联系通道内设置休憩、观景、娱乐等设施，打造有活力的特色场所。

7. 滨江地区和公园

滨江地区和公园为以高密度和都市化为主要特征的解放碑商圈增添了惬意和自然要素。江岸空间曾一度仅发挥交通航运功能，空间品质消极，未来应打造为积极的、给人以丰富体验的城市场所。设计要求包括：增加滨江地区和公园与整体步道网络的连通性；利用高差设置观赏江景的平台；设置一系列城市小品，如座椅、照明、贩卖亭、信息亭、公共自行车租赁点等设施，满足人们休憩、健身、社交等多元化使用需求。

8. 小型广场

相较于城市大型绿色休闲空间，小型广场或紧邻繁华街道或位于小巷深处，为人们繁忙生活中的短暂小憩提供了尺度宜人且方便到达的场所，也为周边住宅和办公建筑增加了吸引力。其设计要点包括：设置瀑布、喷泉等水元素以及垂直绿化，提供自然、放松体验；设置排布灵活、有趣的座椅，满足休憩、社交、观景等需求，并增加空间乐趣。

六、近期实施计划

2013—2014 年，解放碑商圈将实施一系列示范项目，以发挥触媒效应，并通过总结经验，有序推动更大范围规划的实施。其中包括以无名巷为代表的背街小巷改造（图 3–25）和集装箱商铺的试点（图 3–26）。

图 3–25　无名巷改造前后对比

七、结语

对于传统商业区步行交通系统规划，项目前期开展扎实调查十分重要，宜运用多样化手段收集信息，开展公众参与，了解消费者和商户心声，以助规划决策。

图 3–26　集装箱式商铺设计

3.3.2 案例二：上海田子坊

田子坊所在街坊为原卢湾区 56 号街坊，位于上海市中心区核心位置，其范围东起思南路，西至瑞金二路，南临泰康路，北抵建国中路。街坊总用地面积约 7.1 公顷。

田子坊街区为独立街坊。街区现状道路主要为四侧城市道路，呈环形的基本格局。其中，西侧的瑞金二路为由南向北单向的城市次干道，同时承担商业、交通功能；北侧的建国西路为由西向东单向的城市支路，承担主要客、货运交通；东侧的思南路为双向的城市支路，南侧的泰康路为由东向西单向的城市支路，路幅较窄，均兼顾生活功能和交通功能。街坊内部均为巷道，由传统“里”和“弄”组成，主要作为步行通道。同时，田子坊紧邻轨道交通站点：田子坊南侧跨泰康路即为与轨道交通 9 号线打浦桥路站结建的日月光城市综合体。整个街坊在轨道交通站点辐射范围 200 米距离之内。

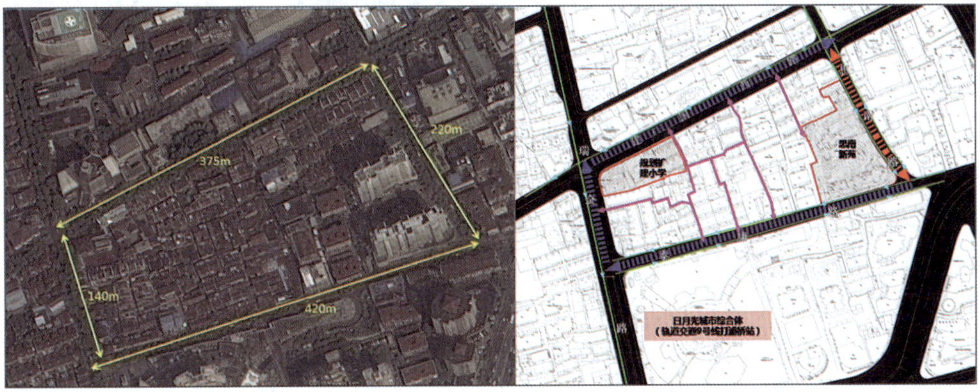

图 3–27　田子坊

田子坊改造前主要用地为 20 世纪 30 年代的老里弄工业和里弄居民。自 1998 年田子坊开始第一间里弄老厂房开始出租起，到中外规划专家团队参与规划设计，到2005年4月28日田子坊授牌为上海创意产业集聚区，再到其街区、步行系统规划和分步实施，田子坊的改造没有走中国城市化改造大拆大建的途径，保存了上海里弄的传统街区的格局。

田子坊规划用地性质上以保留和置换的居住和商业混合用地为主。目前，具体功能业态上，主要包括通过旧厂房、旧民宅改建而成画家工作室、设计室、画廊、摄影室、陶艺馆、时装展示厅等创意产业，并与居住功能的里弄建筑混合布局。

田子坊的改造保存了这个具有上海多个文化符号的历史街区和建筑，采用房屋和厂房分户出租和物业统一管理的方式，以五年为租期，保证了从事创意设计的艺术家和设计师拥有稳定的工作场所，并能够对所租用建筑进行内外装修，经过十几年的发展，田子坊已被誉为“上海的苏荷”和视觉艺术“硅谷”。

田子坊留存了传统的空间肌理：除保留着传统的建筑形态外，还留存着上海传统里弄空间的肌理，延续着里弄住宅最大的特点：居住密度较高，空间较为狭窄；此外，空间上体现并保留着上海老城区“里”和“弄”传统特征和“行列式”的格局。

在以上的街区改造中，田子坊没有将街区改造为以机动车通行方便的街区，而是在保持其城市文脉并注入时尚元素的同时，进行了《上海田子坊地区步行空间组织》，这一规划为提升该街区空间品质，打造人性环境、增加舒适度打下了坚实基础。田子坊步行系统规划以实现步行空间的连续性、整体性和系统层级性和体现步行环境的历史文脉为规划目标。

在步行出入口设置中，考虑街区外围紧邻一条城市次干路（瑞金二路）和三条支路（建国中路、思南路和泰康路），交通流量比较大，需考虑与对外交通的衔接，因此规划在基地的北、西、南侧均设置对外主要步行出入口。北侧与轨道交通9号线打浦桥站出入口衔接；西侧与瑞金二路连接，南侧与建国西路连接。

在步行组织框架上，在原街区自发形成的交通组织基础上，开辟两条南北向主干步行道穿越地块，考虑到方便居民的生活，主干步行道可通行自行车；并由主干步行道延伸出若干辅助步行道，通向基地内各主要功能区和节点。主干步行道构成了基地的基本道路框架。此外，为了增强基地内各处的可达性，规划还设置了辅助步行道、拓展步行道和支弄，与上述主干步行道相连。一些中小型的广场和庭院等公共开敞性空间可因地制宜地分布在基地中，形成道路节点，满足交通集散的需求，同时也可称为景观集聚地。

区内步行系统等级划分为四层级步行系统。第一层级为主干步行道：利用街区内部保留主弄泰康路210弄、泰康路274弄形成南北向贯穿，以服务两侧集中的办公及店铺为主，作为街区主要的步行空间；第二层级为辅助步行道：除泰康路 210 弄、泰康路 274 弄外的现状保留主弄空间，形成东西向连通，与主步行道一起形成街区的主要步行空间网络；第三层级为拓展步行道：通过梳理现状建筑，形成一些新建的通道，用以贯通街区，形成便捷步行交通。主要考虑到小学向东发展改变了原有的建筑格局，因此在新建用房南北侧各增设一条拓展步行道通向集散场地，方便瑞金二路方向人流进入基地中部；第四层级为支弄：为现状尽端形态的巷道，属于半私密外部空间。支弄基本为原保留的“里”，两侧主要以住宅为主。下图为田子坊步行系统组织：

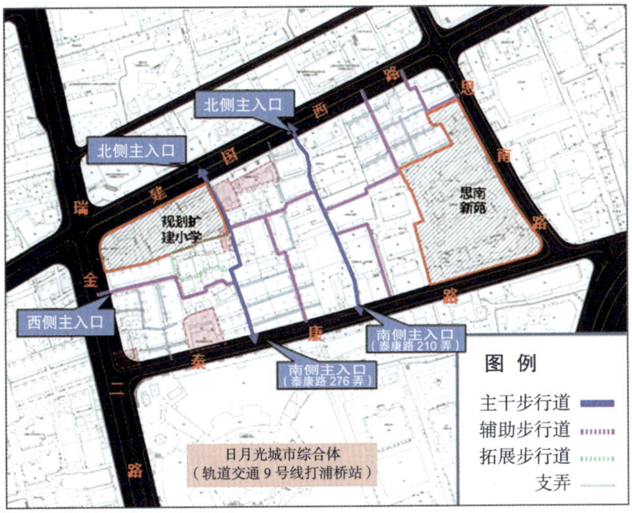

图 3–28　田子坊

田子坊步行系统规划具有一定的特殊意义和代表性。其特征主要体现在以下三个方面：首先，步行系统规划与传统城市肌理相结合。一方面，原街区内部已

图 3–29　田子坊

基于传统肌理基础之上，形成了一定的步行空间组织，在一定程度上体现了当地居民、就业人员等各类行人的步行需求。另一方面，要进一步体现对街区文脉的传承，此类传统街区的步行空间组织要尊重原有城市空间肌理，并与街区建筑、空间整体设计协调，尽量不要破坏原有的空间格局；其次，步行系统规划与地区功能业态相匹配。田子坊内部功能与上海其他很多传统街区不同，内部更多的是小型创意产业办公以及小型店铺等，其间也留有传统居住住宅。因此，田子坊是传统“里”“弄”交通组织与现代商业活动交通空间的结合案例；最后，步行系统规划与周边吸引点相衔接。在尊重传统城市空间肌理及功能业态的基础之上，步行系统仍需考虑不同类行人的出行需求，其出入口安排、人行线路组织等仍需考虑周边吸引点及内部功能节点、开场空间等。

田子坊街景可见步行功能与创意产业、商业、良好的公共空间的有机融合。

第四章　城际与区域交通

4.0 引言

2013年，面对错综复杂的国内外形势，全国交通运输系统深入贯彻落实中央稳增长、调结构、促改革的决策部署，坚持稳中求进的工作总基调，行业发展实现稳中向好。

截至2013年年末，全国公路总里程达435.62万公里，比上年年末增加11.87万公里，其中高速公路新增8260公里；全国铁路营业里程达10.31万公里，比上年年末增加5519公里，其中高速铁路新增1672公里；全国内河航道通航里程12.59万公里，沿海与内河港口拥有生产用码头泊位31760个；全国民用汽车保有量达到13741万辆，其中私人汽车保有量10892万辆；全国拥有水上运输船舶17.26万艘，集装箱箱位170.16万TEU；全国民用航空（颁证）机场共有193个，其中定期航班通航机场190个，定期航班通航城市188个。

截至2013年年末，全国城市及县城拥有公共汽电车50.96万辆、57.30万标台，比上年年末分别增长7.3%和8.5%，其中BRT车辆4484辆。按车辆燃料类型分，其中柴油车、天然汽车、汽油车分别占59.3%、24.3%和3.4%。全国有18个城市开通了轨道交通，比上年年末增加2个。拥有轨道交通车站1549个，增加174个，其中换乘站134个，增加18个；运营车辆14366辆、34415标台，分别增长13.9%和12.2%，其中，地铁车辆12971辆，轻轨车辆1253辆，分别增长15.6%和0.5%。出租汽车运营车辆134.00万辆，增长3.1%。城市客运轮渡422艘。

2013年5月17日，国务院审批通过《国家公路网规划（2013—2030年）》，这是我国第一个集高速公路和普通公路于一体的国家中长期公路网布局规划，是指导我国公路长远发展的纲领性文件。

2013年12月27日，交通运输部部长杨传堂在2014年全国交通运输工作会议上的讲话中指出：经过多年的建设，我国交通运输已经进入了各种运输方式融合交会、统筹发展的新阶段。加快发展综合交通，要义是坚持适度超前、改革创新，与区域协调发展和新型城镇化要求相适应，合理布局不同区域、不同层次、不同方式的运输网络，合理配置和优化整合交通运输资源，发挥各种运输方式技术经济优势和交通网络整体效能；核心是从基本国情和国家战略出发，顺应新型工业化、信息化、城镇化、农业现代化同步发展的新需求，统筹规划铁路、公路、水路、民航以及邮政行业发展，建立完善与综合交通相适应的制度体制机制，提升服务水平、物流效率和整体效益；关键是通过综合交通战略规划、政策法规、标准规范促进各种运输方式深度融合，优化交通运输主要通道和主要枢纽节点布局，统筹各种运输方式在区域间、城市间、城乡间、城市内的协调发展，发挥组合效率和整体优势，实现各种运输方式从分散、独立发展转向一体化、集约化发展，加快构建网络设施配套衔接、技术装备先进适用、运输服务安全高效的综合交通系统。

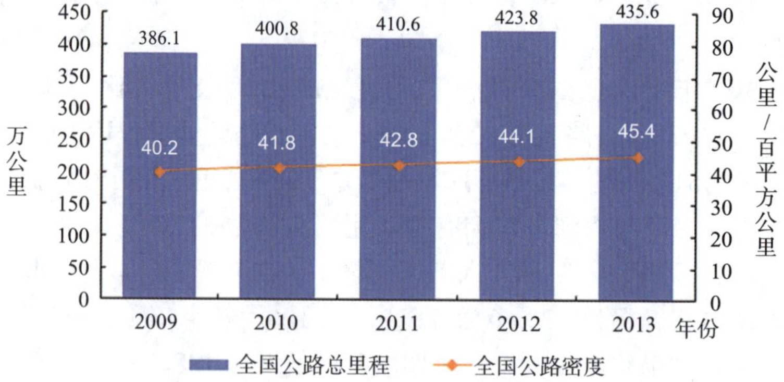

图 4-1　2009—2013 年全国公路总里程及公路密度

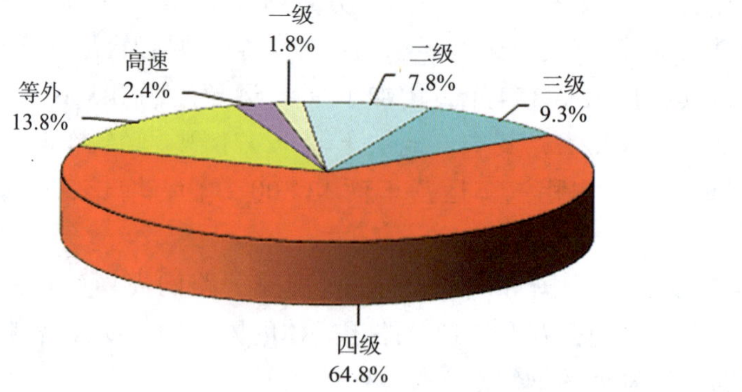

计量单位：万公里

高速	一级	二级	三级	四级	等外
10.44	7.95	34.05	40.70	282.41	60.07

图 4-2　2013 年全国各技术等级公路里程构成

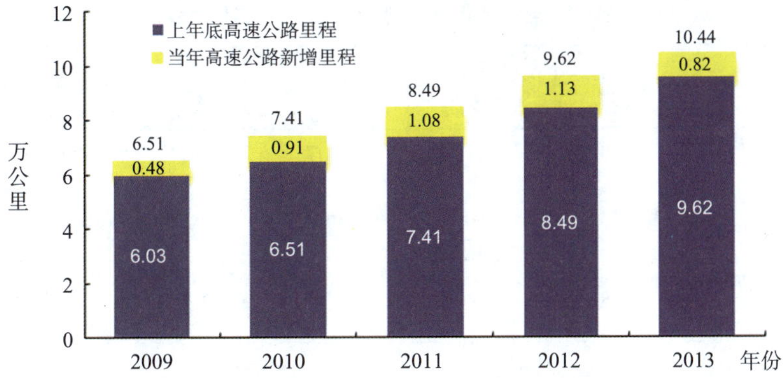

图 4–3　2009—2013 年全国高速公路总里程

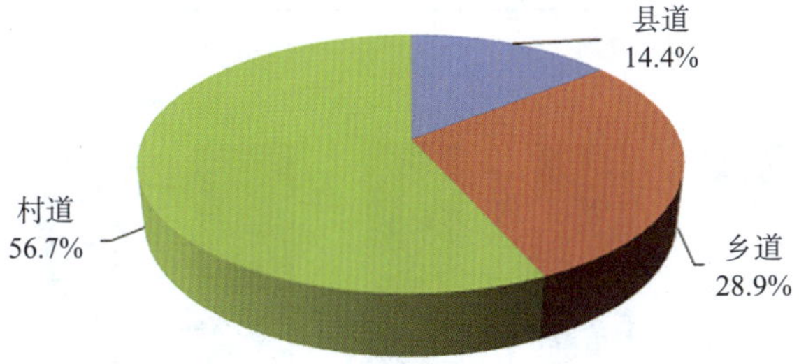

图 4–4　2013 年全国农村公路总里程构成

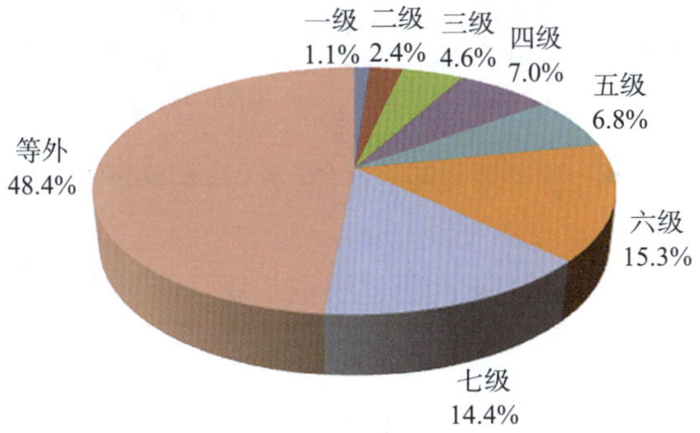

图 4–5　2009—2013 年全国内河航道通航里程构成

4.1 铁路交通

2013 年，国家的铁路管理体制政企分开改革有序推进。根据十二届全国人大一次会议批准的《国务院机构改革和职能转变方案》，实行铁路政企分开，组建中国铁路总公司。2013 年 3 月 14 日，中国铁路总公司正式成立。铁路部门以

表 4–1　2013 年全国港口万吨级及以上泊位(计量单位:个)

泊位吨级	全国港口	比上年年末增加	沿海港口	比上年年末增加	内河港口	比上年年末增加
合计	2001	115	1607	90	394	25
1 万～3 万吨级(不含 3 万)	736	4	567	3	169	1
3 万～5 万吨级(不含 5 万)	356	21	254	22	102	–1
5 万～10 万吨级(不含 10 万)	648	67	532	43	116	24
10 万吨级及以上	261	23	254	22	7	1

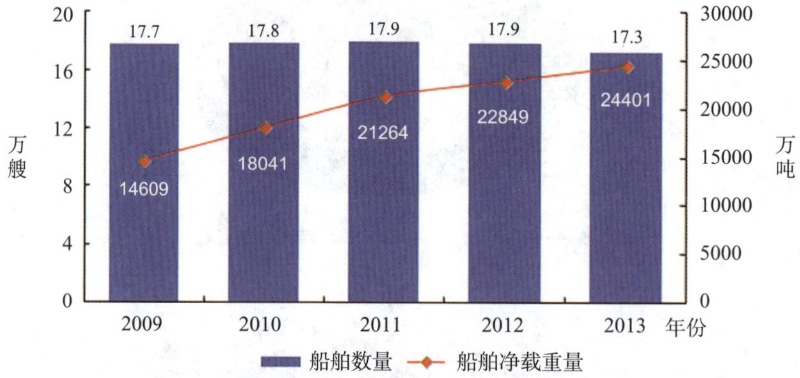

图 4–6　2009—2013 年全国水上船舶运输拥有量

改革为动力，深入推进安全风险管理、运输组织改革、铁路基本建设，维护铁路安全稳定，各方面工作都取得了新成绩。

4.1.1 铁路运输生产

全国铁路旅客发送量完成 21.06 亿人，铁路旅客周转量完成 10595.62 亿人公里，比上年分别增长 10.8% 和 8.0%；其中高铁发送旅客 5.3 亿人次，占总发送量的 25.2%。

全国铁路货运(含行包)总发送量完成 39.67 亿吨，比上年增加 0.63 亿吨、增长 1.6%。全国铁路货运(含行包)总周转量完成 29173.89 亿吨公里，比上年减少 13.20 亿吨公里、下降 0.05%。其中，国家铁路完成货物发送量 32.22 亿吨，周转量 26845.01 亿吨公里，分别下降 0.4% 和 1.4%。

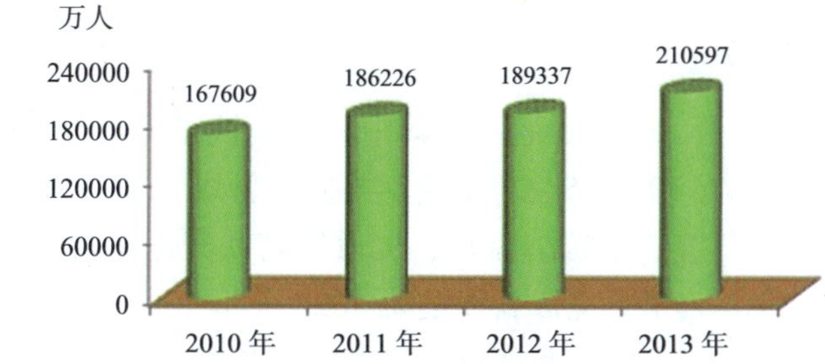

a）全国铁路旅客发送量

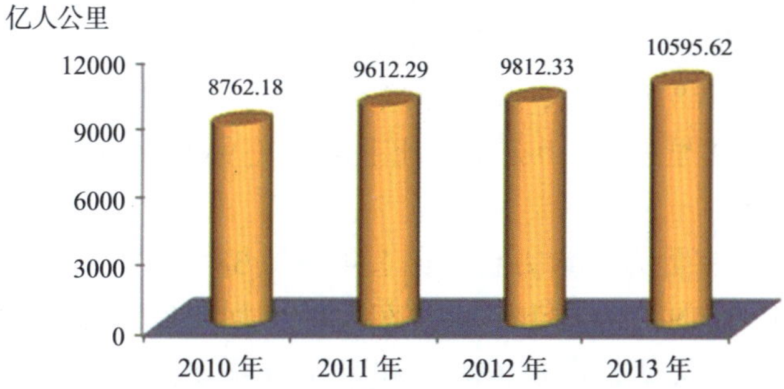

b) 全国铁路旅客周转量

图 4–7　2010—2013 年全国铁路旅客运输情况

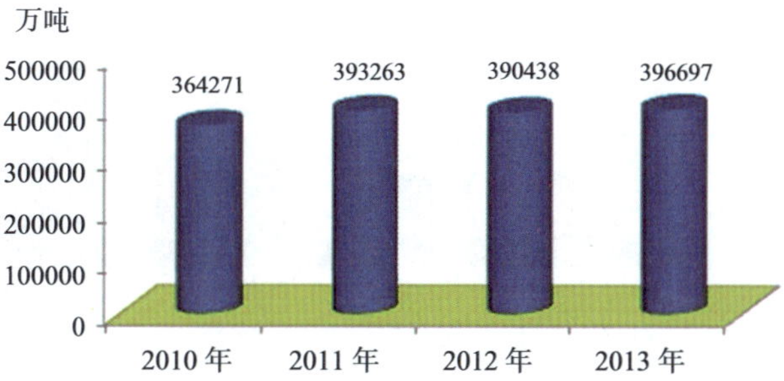

全国铁路货运总量

图 4–8　2010—2013 年全国铁路货运总量情况

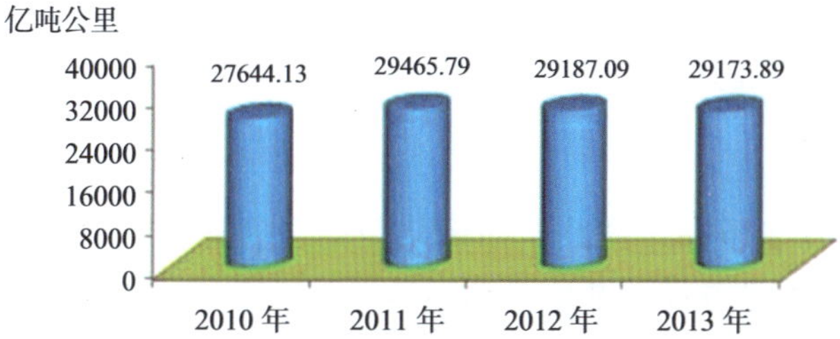

全国铁路货运总周转量

图 4–9　2010—2013 年全国铁路货运总周转量情况

4.1.2 铁路系统建设

全国铁路共完成投资 5327.70 亿元，其中，新建铁路完成投资 4291.0 亿元，既有线扩能改造完成投资 1017.05 亿元；全年共投产新线 5586 公里，其中高速铁路 1672 公里，津秦、西宝、宁杭、盘营、杭甬等高铁开通运营；投产复线 4180 公里、电气化铁路 4810 公里。完成新线铺轨 7025 公里、复线铺轨 5954 公里。

全国铁路营业里程达到 10.3 万公里，比上年增长 5.7%。其中，高铁营业里程达到 1.1 万公里；合资铁路营业里程达到 3.2 万公里，地方铁路营业里程达到 0.4 万公里。路网密度 106.9 公里 / 万平方公里，比上年增加 5.7 公里 / 万平方公里。其中，复线里程 4.8 万公里，比上年增长 10.4%，复线率 46.8%，比上年提高 2 个百分点；电气化里程 5.6 万公里，比上年增长 9.4%，电化率 54.1%，比上年提高 1.8 个百分点。

全国铁路机车拥有量为 2.08 万台，比上年增加 38 台，其中和谐型大功率机车 7017 台，比上年增加 972 台。全国铁路客车拥有量为 5.88 万辆，比上年增加 0.11 万辆；其中空调车 4.86 万辆，占 82.6%。“和谐号”动车组 1308 组、10464 辆，比上年增加 225 组、1800 辆。全国铁路货车拥有量为 68.8 万辆，比上年增加 1.74 万辆。

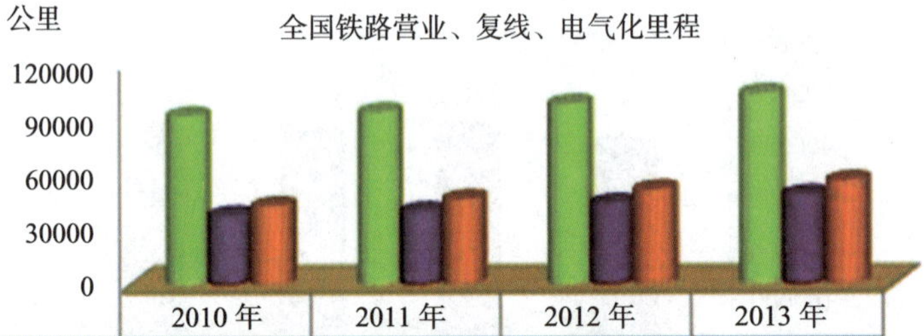

	2010 年	2011 年	2012 年	2013 年
营业里程	91179	93250	97626	103144
复线里程	37487	39500	43749	48287
电气化里程	42464	46064	51029	55811

图 4–10　2010—2013 年全国铁路系统构成情况

4.1.3 高速铁路建设案例

一、广西高铁

2013 年，广西有多条高速铁路，如柳州至南宁客运专线和衡阳至柳州、南宁至北海、钦州至防城港铁路等相继开通运营。

柳南客专和衡柳铁路均为湘桂铁路扩能改造的重要组成部分，营业里程分别为 223 公里和 498 公里，初期运营时速 200 公里。邕北、钦防铁路是广西沿海铁路的重要组成部分，营业里程分别为197公里和51公里，初期运营时速200公里。

上述铁路开通初期，将安排开行动车组列车12对，其中“G”字头动车组列车3对，“D”字头动车组列车9对。桂林至北京最快旅行时间将由23小时3分钟压缩至10小时32分钟。南宁至桂林最快旅行时间将由4小时52分钟压缩至2小时39分钟。桂林至北海最快旅行时间将由9小时32分钟压缩至3小时41分钟。

柳南客专和衡柳、邕北、钦防铁路的开通运营，在南宁可向北经柳南客专、衡柳铁路连接京广高铁，向南经邕北、钦防铁路直达北部湾沿岸，不仅将广西纳入全国快速铁路客运网，还将释放既有线货运能力，满足北部湾经济增长的运输需求，为促进广西与华南地区乃至东南亚的交流，推动中国——东盟自由贸易区发展注入新的活力。

二、北部湾城际铁路网布局规划

北部湾城际铁路网布局规划在《全国中长期铁路网规划（2008年调整）》的基础上，根据预测的客流流向分布，考虑城际铁路对城市群发展的诱导作用，寻找客运主通道，统筹考虑区域内的高速铁路、快速铁路、既有和规划建设的普速铁路、城市轨道交通及其他运输方式相互衔接和分工合理，分析路网“点、线、面”的协调性，同时根据地形地貌的情况，对局部线路进行优化；最后综合考虑各种因素对整个线网进行修正，形成“三主一绕一联络”的城际铁路网方案（见图4–11）。

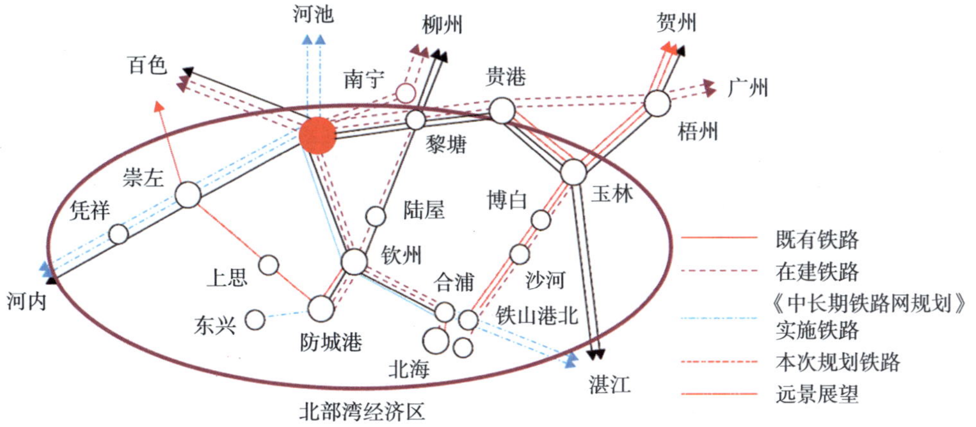

图4–11　广西“三主一绕一联络”城际铁路网方案示意图

（一）南防、钦北、玉凭三条主轴线

南宁至防城港、钦州至北海、玉林至凭祥，三条主轴线为快速城际铁路。南防、钦北、玉凭三条主轴线主要承担沿线各个城市、主要中心城镇之间的客流，并兼顾城市组团、次中心城镇之间的客流。以后视运量增长情况，适时规划既有南防、钦北线增建二线，实施客货分线运输。

（二）主轴外绕线

贺州—梧州—玉林—北海线近期规划为普速城际铁路，主要承担沿线各城市及中心城镇之间的客流，同时具备北部沿海港口疏港通道功能；远期视运量增长情况，新建双线承担城际客流和中长途跨线客流，既有线承担货流。

（三）南宁至防城港与玉林至凭祥主轴联络线

远期规划防城港至崇左普速城际铁路，分别联系南防、玉凭两条主轴的防城港、崇左，承担钦防联合都市区、北海大都市区与崇左都市区之间的客流，同时承担桂西南与北部湾沿海港口城市及以远货物交流。

三、厦深高铁

厦门至深圳铁路是中国中长期铁路网规划中“四纵四横”快速客运通道的“一纵”——东南沿海客运专线（杭福深客运专线）的重要组成部分。厦深铁路北起厦门，经漳州、潮州、揭阳、汕头、汕尾、汕尾（深汕区）惠州引入深圳，全长 502.4 公里，其中广东段全长约 357 公里，福建段全长约 145 公里。

厦深铁路属国家 I 级沿海双线电气化铁路，设计速度目标值 250 公里 / 小时。全线共设 20 个车站，其中客运站 18 个，总投资 417 亿元人民币。厦深铁路于 2007 年 11 月 23 日开工建设，2013 年 5 月 20 日全线铺轨贯通，2013 年 9 月开始联调联试，2013 年 12 月 28 日全线正式运营。路线见图 4–12。

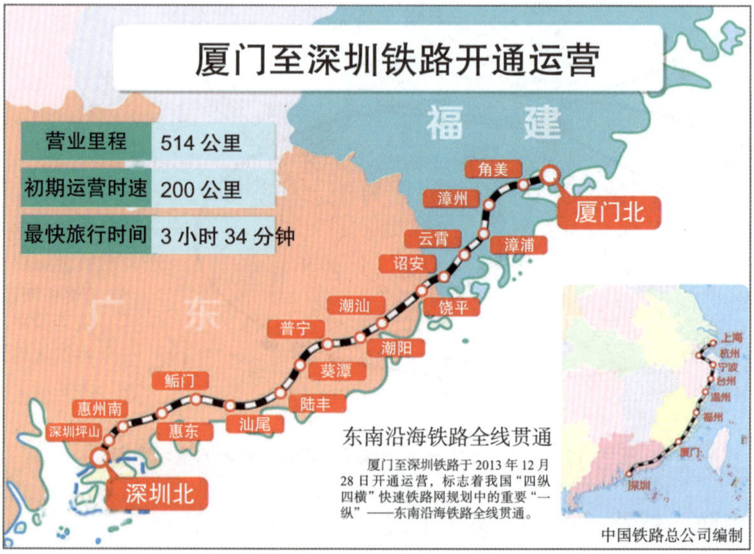

图 4–12　厦深铁路线路图

厦深铁路作为东南沿海快速铁路通道的重要组成部分，东端引入厦门地区，并与既有鹰厦铁路、福厦铁路、向莆铁路、龙厦铁路相连；西端引入深圳地区，连接既有广深铁路、广深港客运专线，并通过广州枢纽与京广铁路通道与既有京九、广茂等铁路干线连通，将成为长三角、珠三角、闽粤、港澳、西南等地区间客货交流的重要纽带，形成我国东南沿海地区骨干铁路线。长三角、海峡西岸和珠三角是我国金融、贸易、制造业和交通中心，客货需求旺盛。沿海铁路通道将大大改善沿海地区的交通运输条件，完善区域综合运输体系，促进区域经济社会快速可持续发展。对于加快长三角地区、海峡西岸经济区、粤东北地区与香港的经济互动，充分发挥经济辐射能力都有着积极作用。被喻为“特区之虹”的厦深铁路，联结了厦门、汕头、深圳三个经济特区，把珠江三角洲与海峡西岸经济区连接起来，形成东南沿海 3 小时经济圈，将对区域经济的整合和优化产生深远影响。

厦深铁路汕头联络线预计 2014 年 10 月开工建设，计划 2016 年竣工。该项目在便利汕头人民出行的同时，也将大大促进汕头经济的发展。

表 4–2　至 2013 年年底全国高铁开通运营线路一览表（单位：公里）

1. 秦沈：　405	18. 长吉：　111
2. 合宁：　154	19. 广珠：　144
3. 济青：　393	20. 京沪：　1318
4. 京津：　120	21. 广深：　105
5. 广莞深：　148	22. 汉宜：　291
6. 石太：　224	23. 郑武：　536
7. 合武：　364	24. 合蚌：　132
8. 甬台温：　282	25. 哈大：　921
9. 温福：　302	26. 京郑：　693
10. 武广：　1069	27. 宁杭：　256
11. 郑西：　523	28. 杭甬：　160
12. 福厦：　226	29. 盘营：　89
13. 成灌：　65	30. 津秦：　261
14. 沪宁：　301	31. 西宝：　138
15. 昌九：　135	32. 厦深：　502
16. 沪杭：　159	33. 武咸：　91
17. 海东：　308	34. 南柳：　226
合计：　11152	

表 4–3 2013 年期间全国获批拟开工的高铁线路一览表

蒙赣铁路	南三龙铁路
昌吉赣客运专线	敦煌至格尔木铁路
辽源至长春铁路	商阜杭客专
成贵铁路	黔张常铁路
广大铁路扩能改造工程	龙烟铁路
石济客运专线	庐铜铁路
武九客专	郑徐铁路客专
罗源湾北岸支线	北屯至富蕴至准东铁路
福平铁路	哈密至额济纳铁路
宝兰客专(甘肃段)	广珠城铁延长线
宝兰客运专线(陕西段)	海南铁路三亚站至凤凰机场站
京沈高铁	淮扬镇铁路

4.2 公路交通

4.2.1 公路运输与建设

2013 年年末，全国等级公路里程 375.56 万公里，比上年年末增加 14.60 万公里。等级公路占公路总里程 86.2%，提高 1.0 个百分点。其中，二级及以上公路里程 52.44 万公里，增加 2.25 万公里，占公路总里程 12.0%，提高 0.2 个百分点。

各行政等级公路里程分别为：国道 17.68 万公里(其中普通国道 10.60 万公里)、省道 31.79 万公里、县道 54.68 万公里、乡道 109.05 万公里、专用公路 7.68 万公里，比上年末分别增加 0.35 万公里、0.58 万公里、0.73 万公里、1.39 万公里和 0.31 万公里。全国高速公路里程达 10.44 万公里，比上年末增加 0.82 万公里。其中，国家高速公路 7.08 万公里，增加 0.28 万公里。全国高速公路车道里程 46.13 万公里，增加 3.67 万公里。

全国农村公路(含县道、乡道、村道)里程达 378.48 万公里，比上年末增加 10.64 万公里，其中村道 214.74 万公里，增加 8.52 万公里。全国通公路的乡(镇)占全国乡(镇)总数 99.97%，其中通硬化路面的乡(镇)占全国乡(镇)总数 97.81%、比上年末提高 0.38 个百分点；通公路的建制村占全国建制村总数

99.70%，其中通硬化路面的建制村占全国建制村总数89.00%、提高2.54个百分点。

全年完成公路建设投资13692.20亿元，比上年增长7.7%。其中，高速公路建设完成投资7297.76亿元，增长0.8%。普通国省道建设完成投资3899.61亿元，增长18.4%。农村公路建设完成投资2494.83亿元，增长14.4%，新改建农村公路20.54万公里。集中连片特困地区贫困县完成公路建设投资3185.14亿元，增长18.8%，占全国公路建设投资23.3%。

4.2.2 国家干线公路交通运输

全国国道网机动车年平均日交通量为14564辆（当量标准小客车，下同），按可比口径（下同）比上年增长2.1%，其中车流量较大的地区主要集中在北京、天津、上海、江苏、浙江、广东和山东，上述地区国道网的年平均日交通量均超过2万辆。全国国道网机动车日平均行驶量为254737万车公里（当量标准小客车，下同），增长4.2%，其中河北、辽宁、江苏、浙江、山东、河南、湖南、广东、广西、陕西的国道网日平均行驶量均超过10000万车公里。全国国道网年平均交通拥挤度为0.47，增长2.1%，其中北京、天津、河北、山西、上海、浙江、广东的国道年平均拥挤度均超过0.6。其中，国家高速公路日平均交通量为22450辆，日平均行驶量为162580万车公里，年平均交通拥挤度为0.37，分别增长5.9%、10.3%和5.4%；普通国道日平均交通量为10714辆，日平均行驶量为111531万车公里，年平均交通拥挤度为0.63，分别下降1.0%、0.4%和1.5%。

全国高速公路日平均交通量为20998辆，日平均行驶量为229416万车公里，年平均交通拥挤度为0.34，比上年分别增长5.6%、14.6%和5.9%。

表4–4　1998—2012年公路里程数统计表

年份	公路里程（公里）	等级公路里程（公里）	高速公路里程（公里）	一级公路里程（公里）	二级公路里程（公里）	三级公路里程（公里）	四级公路里程（公里）	等外公路里程（公里）
1998	1278500	1069243	8733	15277	125245	257947	662041	209231
1999	1351700	1156736	11605	17716	139957	269078	718380	194955
2000	1679800	1216013	16314	20088	152672	276672	750267	186685
2001	1698012	1336044	19437	25124	182102	308626	800665	361968
2002	1765222	1382926	25130	27468	197143	315141	818044	382296
2003	1810000	1438738	29745	29903	211929	324788	842373	371090
2004	1871000	1515826	34300	33522	231715	335347	880954	354835

续表 4–4

年份	公路里程（公里）	等级公路里程（公里）	高速公路里程（公里）	一级公路里程（公里）	二级公路里程（公里）	三级公路里程（公里）	四级公路里程（公里）	等外公路里程（公里）
2005	3345200	2139887	41005	41687	248199	347160	1461835	1205299
2006	3457000	2282872	45339	45289	262678	354734	1574833	1174128
2007	3584000	2535383	53913	50093	276413	363922	1791042	1048332
2008	3730200	2778521	60302	54216	285226	—	—	951642
2009	3860823	3056265	65055	59462	300686	379023	2252038	804558
2010	4008229	3304709	74113	64430	308743	387967	2469456	703520
2011	4106387	3453590	84946	68119	320536	393613	2586377	652796
2012	4237500	3609600	96200	74300	331500	401900	2705800	627900

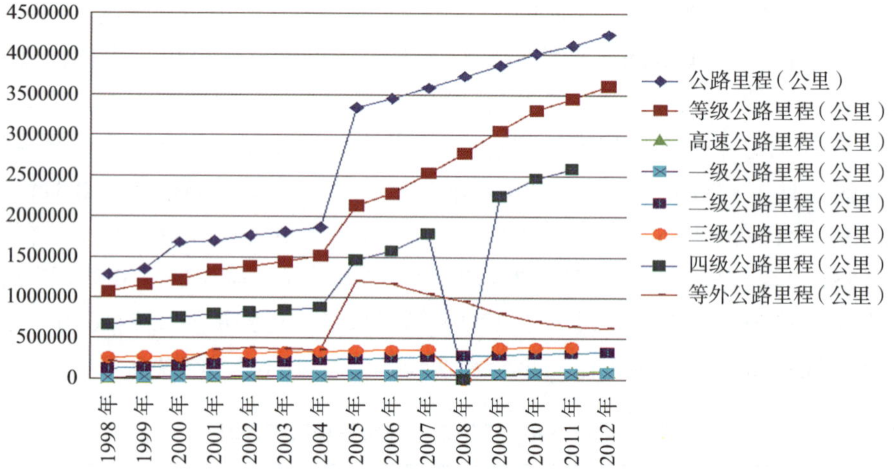

图 4–13　1998—2012 年我国公路里程增长示意图

4.2.3 国家公路网规划

2013 年，国务院批准了《国家公路网规划（2013—2030 年）》，《国家公路网规划（2013—2030 年）》是公路交通基础设施的中长期布局规划，充分体现了新时期国家发展综合交通运输的战略方针，是指导国家公路长远发展的纲领性文件，必将对我国公路交通发展产生深远影响。

国家公路网规划的目标是：形成“布局合理、功能完善、覆盖广泛、安全可靠”的国家干线公路网络，实现首都辐射省会、省际多路连通，地市高速通达、县县国道覆盖。1000公里以内的省会间可当日到达，东中部地区省会到地市可当日往返、西部地区省会到地市可当日到达；区域中心城市、重要经济区、城市群内外交通联系密切，形成多中心放射的路网格局；沿边、沿海公路连续贯通，形成环绕我国大陆的沿边沿海普通国道路线；有效连接国家陆路门户城市和重要边境口岸，形成重要国际运输通道，与东北亚、中亚、南亚、东南亚的联系更加便捷。

根据《规划》，普通国道全面连接县级及以上行政区、交通枢纽、边境口岸和国防设施；国家高速公路全面连接地级行政中心，城镇人口超过20万的中等及以上城市，重要交通枢纽和重要边境口岸。

《国家公路网规划（2013—2030年）》的特点主要体现在以下几个方面：

一是扩大基本公共服务能力。普通国道由1981年的10.6万公里调增到26.5万公里，新增连接县900多个，实现了全国所有县级及以上行政区都有普通国道连接，以提高公路交通基本公共服务能力。

二是支撑城镇化发展。《规划》与国务院批复的各区域规划进行了有效衔接，注重加强城市群内外交通联系，形成了多中心放射的路网格局，大幅提升了国家公路网对小城镇的覆盖水平。

三是兼顾公平与效率。本次《规划》统筹考虑了普通国道和高速公路的协调发展，明确普通国道侧重体现基本公共服务，高速公路侧重体现服务的高效性。

四是加强顶层设计。《规划》首次研究了我国未来公路网的总体规模和层次结构，提出未来我国公路网总规模约580万公里，其中国家公路约40万公里，占总规模的7%，省级公路占9%，乡村公路占84%。

五是注重分析土地环境等支撑条件。根据《规划》，普通国道需新建路段只有8000公里，另有10万公里需原路升级改造；国家高速公路待建路段约2.5万公里，经测算，土地、资金都是有保障的。环境影响评价已经环保部审查通过。

六是注重完善综合交通运输体系。《规划》加强了与其他运输方式的协调、衔接，统筹考虑主要通道的运输能力配置，注重发挥综合运输组合效率和整体优势。

4.2.4 文水县县域公路网规划案例

一、公路网建设现状

文水县位于山西省中部，太原盆地西缘，吕梁山东麓。总面积1067.8平方公里，全县常住人口38.8万人。

截至2010年年底，文水县公路通车总里程为1266.6公里。按行政等级分为：国道、省道、县道、乡道、村道和专用公路；按技术等级分为：高速、一级、二级、三级和四级。

文水县境内现有G20（青银高速公路）和G5（京昆高速公路）国家高速通过，是文水县主要的交通通道。在文水县境内总里程为32.6公里。文水县境内共设置三处互通分别与两条高速公路相连，其中G20布设互通2处，分别位于开栅镇和文水县城，分别与X450和G307相接，G5布设互通1处，位于南安镇，与X433相接。

文水县境内有307国道通过，是文水县重要的南北通道。307国道在文水县境内长22.3公里。

截至2010年，文水县全县公路通车里程已达到1165公里。在“十一五”期间，全县共完成通达通畅工程建设458.7公里，完成村村通水泥路、油路及街道硬化716.3公里，全县12个乡镇和199个行政村全部通了水泥（油）路。

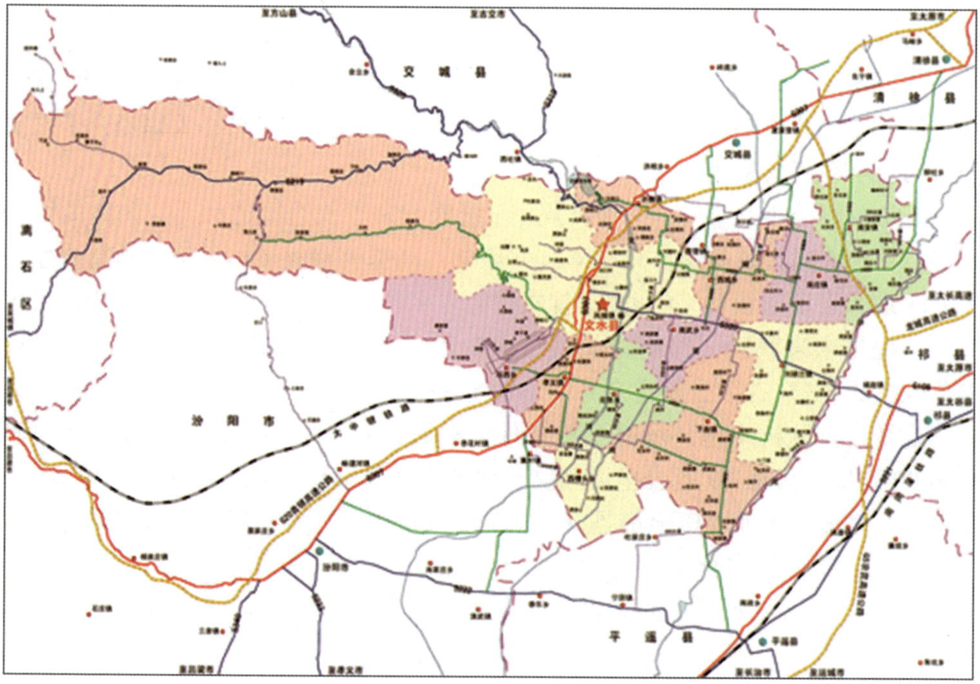

图4–14　文水县交通基础设施现状图

二、公路运输现状

2010年，文水县全社会完成道路运输客运量295万人、旅客周转量2.5亿人公里；完成货运量479万吨、货物周转量3.3亿吨公里。公路运输在综合运输体系中的地位越显重要，公路客货运量、客货周转量在综合运输体系中所占比重逐年提高。

三、公路网规划

文水县公路网布局方案设计分四个层次进行。

第一层次，文水县域主要承载省际间、省内通道及区域间重要节点间中长途高速公路通道，构成主骨架公路网；

第二层次，文水县域重要过境、对外及县城、开发区的通道，构成主干公路网；

第三层次，文水县各乡镇与干线公路网之间、各乡镇之间的通道，构成次干线公路网；

第四层次，各乡镇与各行政村、各行政村之间通道，构筑农村公路网。

结合现状城镇发展条件，以点—轴开发模式，建立中心镇—重点镇——般镇三级城镇体系。规划“七纵九横一环”主干公路网。到规划期末（2022 年），文水县公路总里程将达到 1473 公里，其中高速公路 32.6 公里，一级公路 46.1 公里，二级公路 408.8 公里。干线公路网密度为 0.46 公里 / 平方公里，干线公路网连通度由现状 1.8 提高到 2.2。路网平均车速由现状的 25 公里 / 小时提高到 2022 年的 40 公里 / 小时。公路网均实现有铺装，铺装水平达到 1。公路网拥挤度为 0.56，处于一级服务水平。

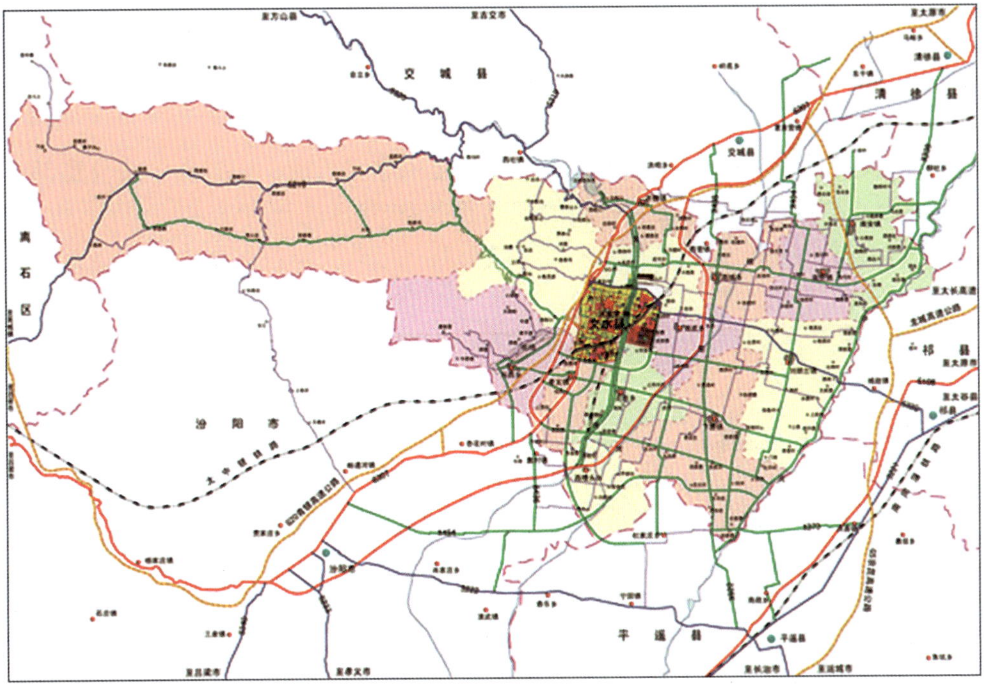

图 4–15　文水县县域公路网规划图

四、公路建设特征

文水县地处山西省中部地区，是典型的西部欠发达县区，其公路网建设特征具有一定的典型性。

（1）公路网建设融资渠道困难。首先，由于地处西部欠发达地区，地方财政紧张，缺口较大，交通建设领域资金紧张。在众多融资渠道中，以中央和地方财政共建为主，即双方以一定比例出资共建，由于地方财政较难到位，中央资金亦得不到有效利用；其次，为“搭顺风车”建设模式，以高等级公路或国省道公路建设为契机，在保证高等级公路优先选线的前提下，县域公路以“改线”方式纳入建设项目一并进行建设；最后，以地方企业赞助解决部分资金缺口，仍是杯水车薪。

（2）公路网建设进度缓慢。县域公路网建设主要以局部改造为主，如路面大修、线形优化、路面加宽、边坡防护等。

（3）公路网技术水平总体偏低。县域公路网建设技术水平不高，平纵面指标较低，路面较窄，直线系数低，行车舒适度差。抗极端气候能力较弱，遇雨雪极端天气路网常受阻。

五、县域公路网面临的挑战

当前县域公路网规划还面临如下几方面的挑战：

（1）上位规划缺位，规划编制依据不明确。县域路网规划的直接依据—市域公路网规划尚未全面有效开展编制工作，县域路网规划只能“就县论县”，与周边县市衔接不畅。

（2）支撑路网规模的基础交通量数据收集困难。当前，国省道干线公路都有固定的交通流量观测站，县乡一级的观测数据尚难收集。

（3）县域公路网发展不平衡。高等级公路、运营公路发展较为迅速，低等级公路、非收费公路发展缓慢。

（4）公路网规划与城乡规划、土地利用规划衔接不足。

4.3 城际交通

城际交通是区域交通的一种类型，是城市群和都市区规划建设中的重要内容。

4.3.1 城际交通运输体系的特性

城际交通运输体系是市场经济发展到一定阶段，在科技创新和制度创新的作用下产生的一种现代交通运输组织形式。实现这一运输形式的目标是减少客货运输的中间环节，提高运输组织水平，实现各种运输方式的无缝衔接，提高运输效率，降低运输成本，实现合理运输。城际交通体系应具有如下特性：

一、多元性

都市区范围内，居民出行距离长、出行目的多重化，依靠单一交通运输方式系统往往难以完成出行活动，需要综合多种运输方式的组合来达到日益多元化的出行目的。都市区交通体系中各运输方式的协调发展，便捷的衔接系统是都市区居民日常生产、生活高效、人性的实际需要。

二、多层次性

由于都市区本身的开放性、多层次性，因此都市区的交通体系也具有不同层次交通系统的内涵。例如，都市区交通体系不但包含其中各城市内交通、各城市间城际交通联系，还包括圈域内部与外部其他区域的对外交通联系。

三、互补性

现代交通体系的发展目标就是要实现客、货流的快速、高效、便捷位移，且环境界面友好。这就需要发挥各种交通运输方式的优势，取长补短，互为补充的同时互为延伸。

四、阶段性

现代交通体系的发展就是借助于科技和制度创新手段，将各种模式的交通设施、工具有机、系统地组织为统一的整体。可以说综合交通体系的成熟程度直接地表现为各交通运输方式系统的组织化程度。而这一程度的高低显然地受到科技、政策的影响，因而具有显著的阶段性。随着科技的进步、政策制度的演变，交通体系的形式和内容也不断地发生着变化。

4.3.2 苏南现代化建设示范区综合交通运输体系规划

苏南地区包括江苏的南京、无锡、常州、苏州和镇江五市，地处长江三角洲核心区，面积 2.8 万平方公里，2011 年年末常住人口 3284 万人。苏南是近代中国民族工业发祥地，是我国经济社会最发达、现代化程度最高的地区之一，肩负着率先基本实现现代化的重任，在全国现代化建设中具有重要地位。苏南现代化建设示范区规划期为 2013—2020 年，展望到 2030 年。

一、优化现代交通网络

以轨道交通、航道和机场为重点推进基础设施建设，促进各种运输方式统筹发展，形成协调、畅通的综合交通网络。

（1）轨道交通。加强铁路网建设，构建以南京—杭州、淮安—扬州—镇江—宣城、泰州—无锡—宜兴、南通—苏州—嘉兴为主干的纵向通道，北京—上海、上海—南京、安庆—南京—江阴—上海、上海—苏州—湖州为主干的横向通道，形成“四纵四横”铁路干线网。加快沪通铁路、淮扬镇铁路前期工作。推进沿江城市群城际铁路建设，规划建设宁镇(扬)、镇江至禄口机场城际轨道，探索开展城际轨道交通网以省为主建设和运营管理。加快苏南五市城市轨道交通建设和衔接，加强苏州与上海的城市轨道交通对接。

(2)航道。加快长江南京以下12.5米深水航道建设，实施京杭运河苏南段三级航道改造工程，推进省际航道、通江口门航道建设，形成干支相通、通江达海的水运网络。

(3)机场。加快南京禄口机场二期工程建设，推进无锡硕放机场和常州奔牛机场扩建，完善通用机场布局，形成以南京和无锡机场为核心、常州机场为节点、通用机场为补充的机场群。提高南京禄口机场国际客货运航线航班密度，逐步增加无锡硕放机场和常州奔牛机场国际和国内客货运航线航班。选择镇江等条件适宜地区开展通用航空政策试点。

(4)完善公路网，加快省际高速公路建设，实施国省干线公路改扩建，推动镇江、常州、南京过江通道建设，推进农村公路升级改造，形成完善的高速公路、干线公路和农村公路网络。

二、提升综合交通枢纽功能

按照南京建设全国性综合交通枢纽和无锡、常州、苏州、镇江建设区域性综合交通枢纽的定位，加强各种交通运输方式的衔接，强化综合交通枢纽地位。提升南京综合交通枢纽的江海转运功能，加强南京龙潭港区集装箱码头和铁水联运系统，大力发展航运物流及相关服务业，积极开辟国际近远洋航线，建设南京长江航运物流中心，形成面向亚太、辐射中西部的重要门户。提升区域性综合交通枢纽的集散和辐射功能，加快以太仓集装箱干线港为龙头的沿江港口整合和功能升级，加强京杭运河苏南段集装箱运输码头建设，为上海国际航运中心建设提供重要支撑。

三、完善公共交通服务设施

大力发展公共交通，完善分工明确、衔接顺畅、运营高效的公交运营网络，实现公交“一卡通”，为居民提供均等、便捷、舒适的出行服务。加强中心城市大型综合客运枢纽建设，实现铁路客运、公路客运、轨道交通、地面公交无缝衔接。加强城市换乘中心、县城客运站、乡镇公交站点建设，形成三级换乘体系。按照城市公交舒适化、镇村客运公交化、城乡公交一体化的方向，建立健全基本公共交通服务体系。在南京、苏州建设国家“公交都市”示范城市。到2020年，城市居民公共交通出行分担率达到28%，实现城乡客运全覆盖。

图 4–16　苏南现代化建设示范区综合交通网络规划图

4.3.3 长株潭城际交通建设案例

一、长株潭公路网

株洲市域城镇发展面临的核心问题是株洲市中心城区与攸县等市域南部各县之间缺乏直接联系，均需绕经其他城市。在长株潭城镇群公路网络布局中贯彻统筹城镇发展的原则，从城镇群体路网格局合理性、现状与规划高速公路的功能分担等方面进行分析，突出强调长株潭东环线对于株洲市域南部的带动作用，即依托长株潭东环线建议新增株洲—攸县高速联络线，形成贯通长沙—株洲—攸县的高速公路通道，增强长株潭核心区、株洲市区对市域南部各县市的辐射和带动作用，如图 4–17 所示。

二、长株潭城际轨道交通网

在城镇群空间结构演变和城市职能变化的背景下，交通枢纽城市的功能需要重新认识与定位。因此，株洲交通枢纽功能定位应基于长株潭空间结构演变的分析。在长株潭一体化发展推动下，长株潭城镇群由“长沙单一中心”向“长、株、潭多中心”格局演进，同时由基于单个城市的个体独立枢纽向区域组合型枢纽转变。随着长沙城市功能的外溢和株洲、湘潭城市功能的强化，株洲、湘潭将形成功能互补的组合型枢纽，在长株潭核心区内呈现“南北分置”的空间结构。其中，株洲依托有利的区位条件，将承担长株潭联系东部和南部的职能，成为长株潭南部的核心枢纽。承担该项职能的关键是提升枢纽功能，将服务株洲城市自身的株

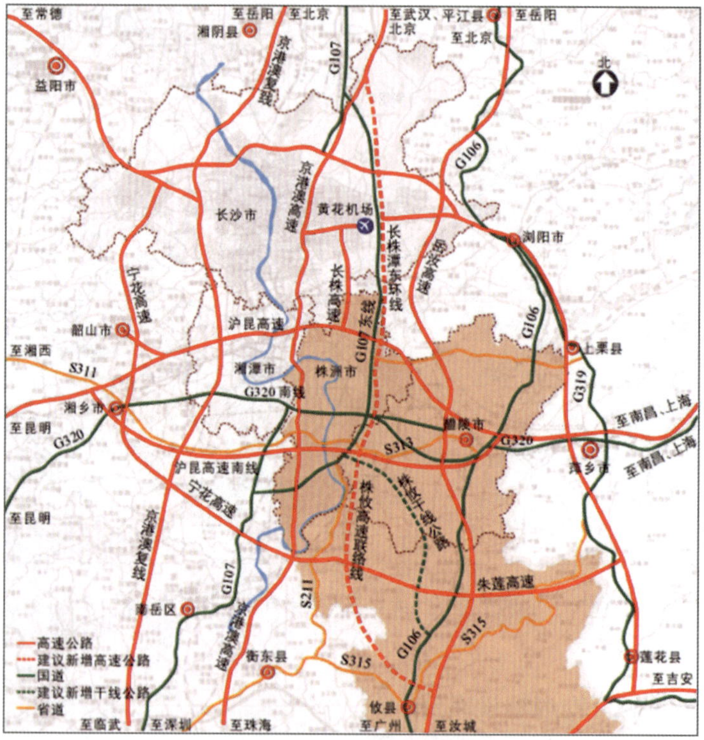

图 4–17 长株潭区域高速网布局图

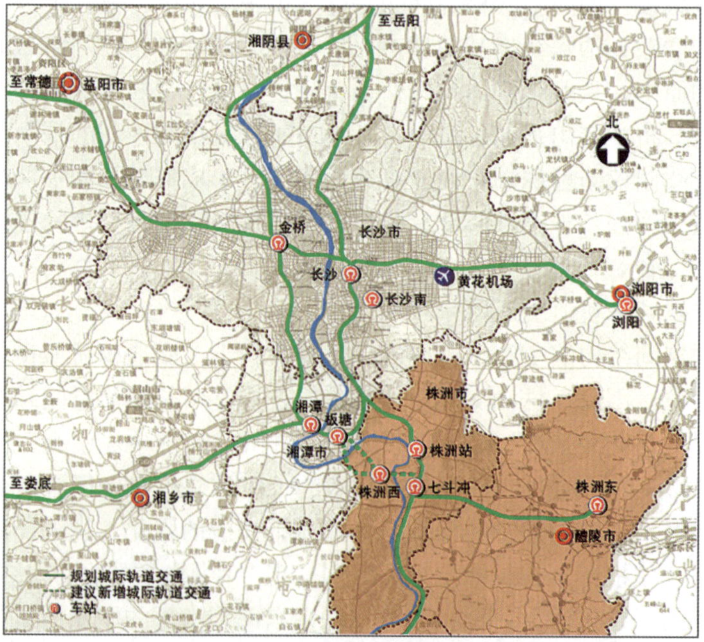

图 4–18 长株潭城际轨道图

洲西站、株洲南物流中心提升为面向长株潭的交通枢纽。

通过增加株洲至湘潭间横向城际轨道交通联络线打破目前长沙市单中心城际轨道交通网络布局模式，并在株洲形成湘中东西向城际走廊与湘东南北向走廊的交会，提升株洲交通枢纽地位。湘中东西向城际走廊的贯通将为沿线娄底、湘乡、湘潭、株洲、醴陵 5 个城市的联动发展奠定基础，这 5 个城市占湖南省 27% 的 GDP 和 33% 的人口，将形成湖南省基础产业优化和发展先进制造、高新技术、面向城乡服务的湘中发展轴线。同时，预留未来湘中东西向城际轨道交通从醴陵向东延伸至萍乡，实现长株潭、环鄱阳湖两大城镇群的城际轨道交通对接联系。另外，在两条城际轨道交通交会处打造面向区域服务的七斗冲综合客运枢纽，并以此支持和带动株洲城市空间东扩、南下发展战略。

4.3.4 苏州都市区交通规划案例

高速公路、快速路和干线铁路一起，形成苏州都市区“一纵三横”的主体交通走廊。

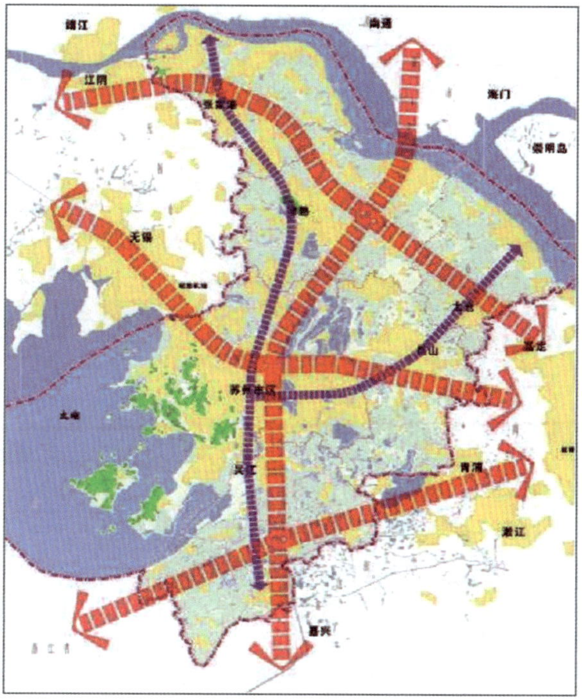

图 4–19 苏州都市区交通走廊图

一、高速公路

2020 年，苏州都市区高速公路网将实现“一纵三横一环七射四连”的网络布局，规模达到670km，密度7.89km/100km^2：一纵：苏嘉杭高速公路；三横：沿江高速公路，沪宁高速公路，沪苏浙高速公路；一环：绕城高速公路；七射：苏虞张高速公路、苏昆太高速公路、锡太高速公路、苏沪高速公路、绕城高速公路东段南延伸线、苏震桃高速公路、苏锡常南部快速通道；四连：无锡至南通高速公路、苏昆太高速公路至上海外环连接线、绕城高速公路东段与苏嘉杭高速公路连接线、苏锡连接线。

二、快速路

“井”字形快速路由南环路、北环路、西环路、东环路及各自的延伸线构成，

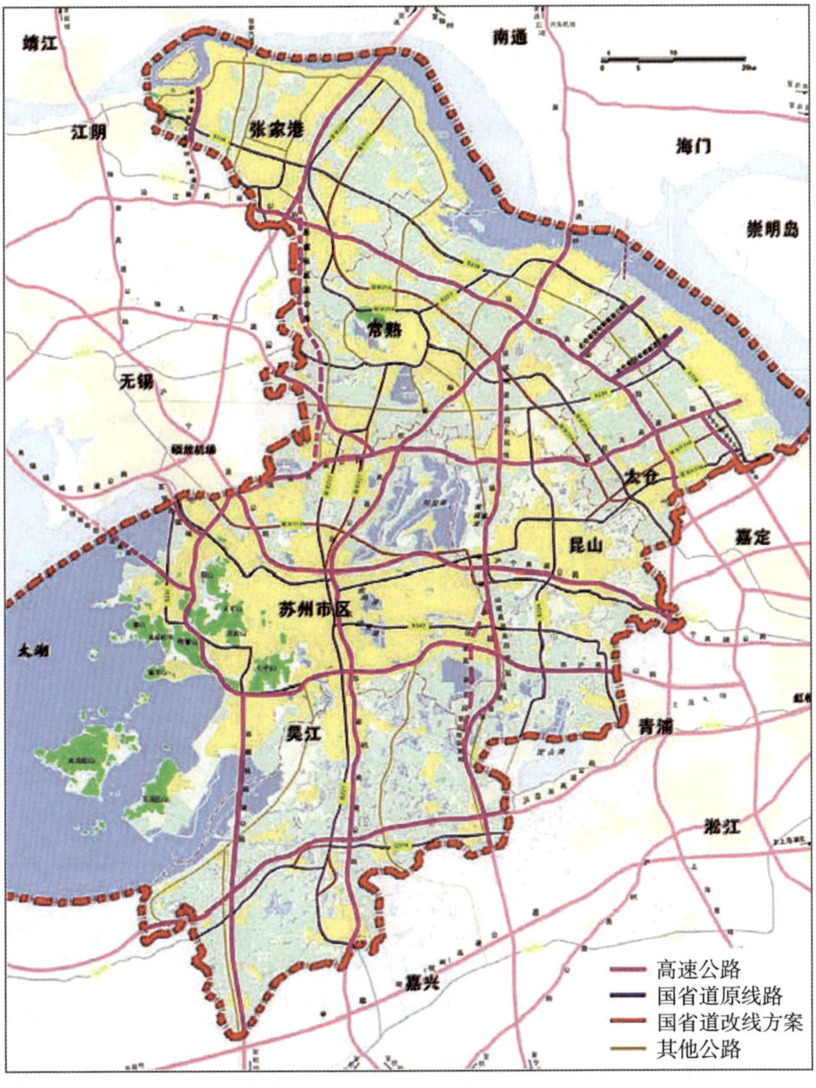

图4–20 苏州都市区高速路图

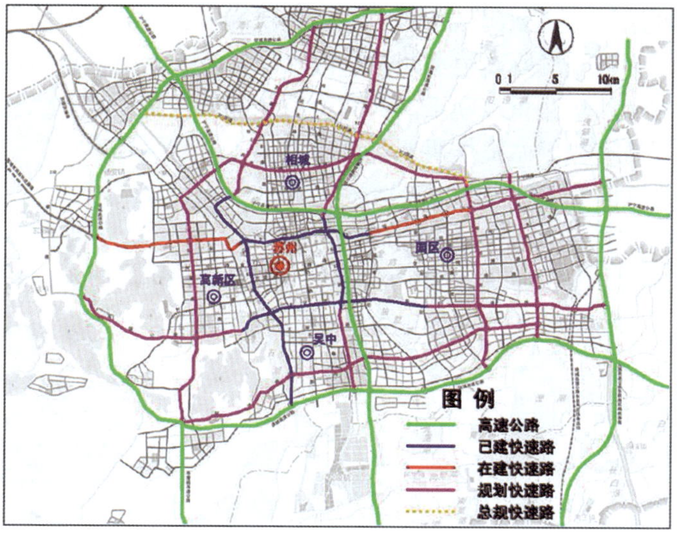

图 4–21　苏州都市区快速路图

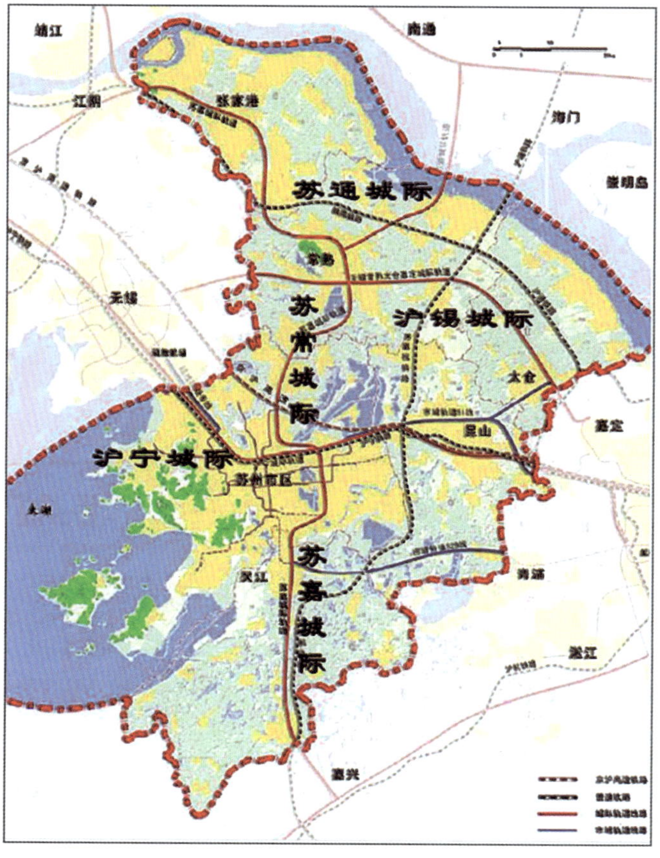

图 4–22　苏州都市区快速铁路规划图

南环路和北环路重点联系园区新城中心、高新区中心，分流东西方向穿越古城区的交通流，并为沪宁城际轨道苏州站、汽车南站等大型交通枢纽提供快速集散的通道。东环路和西环路重点联系南部吴中和北部相城两个组团，并为相城汽车站以及苏嘉城际轨道相城站提供快速集散通道。

三、干线铁路

根据苏州都市区规划，苏州市将重点规划建设 5 条干线铁路，分别是京沪高铁、沪宁城际、沪通铁路、沿江铁路、常州—江阴—常熟—苏州—嘉兴城际铁路。

第五章　公共交通规划

5.0 引言

“公交都市”是为应对小汽车高速增长和交通拥堵所采取的一项城市交通战略，已成为全球大都市的发展方向。它体现了一种以城市公共交通为机动化出行主体、以城市公共交通引导城市发展为导向的城市布局结构，是一种受资源、环境、安全等条件约束下的最佳城市建设形态，是一种综合效率和社会环境效益最好的城市发展模式。公交都市倡导城市公共交通主动引导城市发展，强调城市公共交通与城市人居、环境、结构功能、空间布局默契协调、共存共促。公交都市是理论上和实践中探索解决城市与交通问题的认识飞跃。

公交都市的主要特征：具有较高的城市公共交通分担比例，紧凑的城市空间布局、多元化的城市公共交通服务网络、以人为本的城市公共交通优先政策，高效的城市交通综合管理。

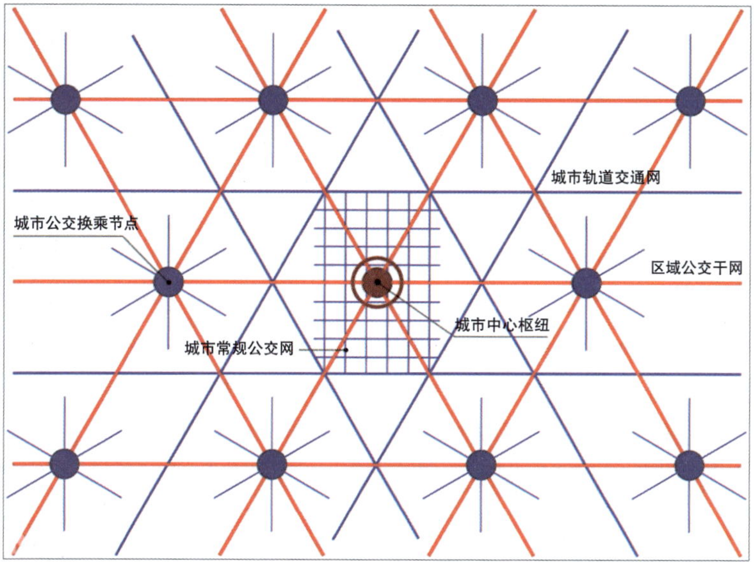

图 5–1　都市公交模式图

为贯彻落实《国务院关于城市优先发展公共交通的指导意见》，深入推进公交都市创建工作，2013年11月交通部研究确定天津、保定、呼和浩特、沈阳、长春、上海、苏州、杭州、宁波、合肥、福州、南昌、青岛、新乡、株洲、广州、柳州、海口、贵阳、兰州、西宁、银川共22个城市为公交都市建设示范工程第二批创建城市。

公交都市战略是城市又好又快发展的有力支撑，无论是与城市总体规划的结合还是与TOD的结合，其都为我们提供了一个新的城市发展方式。

公交都市的重要内涵就是公交优先，因此我们首先要构建以城际轨道、城市地铁、BRT和常规公交等共同组成的多种方式并存、覆盖广泛、无缝衔接的区域公共交通网络，其次是以TOD开发模式引导城镇空间发展，最终实现城市紧凑发展。

5.1 我国城市公共交通发展状况与趋势

5.1.1 2013年我国城市公共交通发展状况

一、城市公共交通车辆

2013年年末全国城市及县城拥有公共汽电车50.96万辆、57.30万标台，比上年年末分别增长7.3%和8.5%，其中BRT车辆4484辆。按车辆燃料类型分，其中柴油车、天然气汽车、汽油车分别占59.3%、24.3%和3.4%。全国有18个城市开通了轨道交通，比上年年末增加2个。拥有轨道交通车站1549个，增加174个，其中换乘站134个，增加18个；运营车辆14366辆、34415标台，分别增长13.9%和12.2%，其中，地铁车辆12971辆，轻轨车辆1253辆，分别增长15.6%和0.5%，出租汽车运营车辆134.00万辆，增长3.1%。城市客运轮渡422艘。

二、城市公共交通线路

2013年年末全国拥有公共汽电车运营线路41738条，运营线路总长度74.89万公里，比上年年末增加3495条、3.44万公里，其中公交专用车道5890.6公里，增加634.8公里；BRT线路长度2753公里；全年新辟、撤销、调整公共汽(电)车运营线路条数分别为3373条、833条、5248条。轨道交通运营线路81条，运营线路总长度2408公里，增加12条、350公里，其中地铁、轻轨线路分别为67条、2050公里和9条、290公里。城市客运轮渡运营航线143条，运营航线总长度575公里。

三、城市公共交通交通运送旅客量

2013全年城市客运系统运送旅客1283.35亿人，比上年增长4.5%。其中，公共汽电车完成 771.17 亿人，增长 2.8%，BRT 客运量 10.96 亿人次，公共汽电车运营里程 348.96 亿公里，增长 0.6%；轨道交通完成 109.19 亿人，运营里程 2.74 亿公里，分别增长 25.1% 和 21.5%；出租汽车完成 401.94 亿人，运营里程 1593.21 亿公里，分别增长 3.1% 和 1.7%；平均每车次载客人数 1.97 人，空驶率 30.9%；客运轮渡完成 1.06 亿人，下降 19.4%。

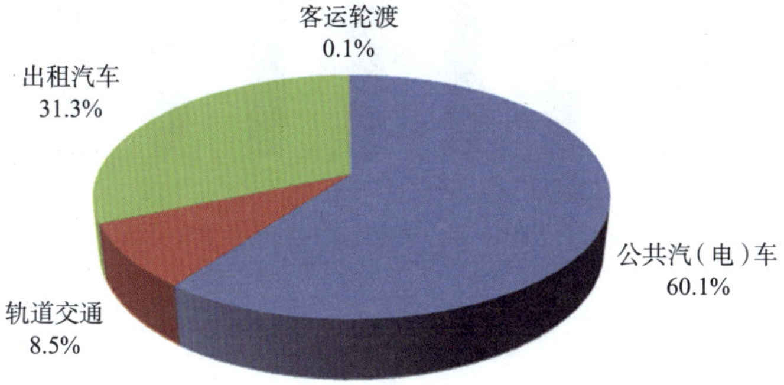

图 5–2 2013 年城市客运系统客运量构成

5.1.2 我国公共交通发展趋势

一、智能公交是未来公共交通发展的必然趋势

随着城市交通拥堵、公共交通供给能力不足和交通量激增之间矛盾日益激烈，各地方政府纷纷把建设智能公交纳入改善民生，提高公共交通智能化水平的重要手段。智能公交的发展可以有效地缓解当前城市交通的拥堵现状，是未来公共交通发展的必然趋势。

目前已有很多城市正在全力发展智能公交系统，把公交智能化建设纳入城市信息化建设体系。据报告显示，“十二五”期间，我国将有 600 ～ 800 个城市建成智慧城市，而公交信息化作为智慧城市建设的重要组成部分，未来发展前景广阔。

业内专家表示，公交迈向智能化已是大势所趋。公共交通管理部门充分利用现代化技术手段，改造传统的管理模式，提升行业管理水平。按照智能化、综合化、人性化的要求，推进信息技术在公共交通运营管理、服务监管和行业管理等方面的应用，重点建设公众出行信息服务系统、车辆运营调度管理系统、安全监控系统和应急处置系统。

二、轨道交通建设速度加快

“十二五”期间，我国轨道交通建设力度不断加大，北京、上海、天津、广州等城市轨道交通已逐步形成纵横交错、相互沟通的网络化体系，并启动新的网

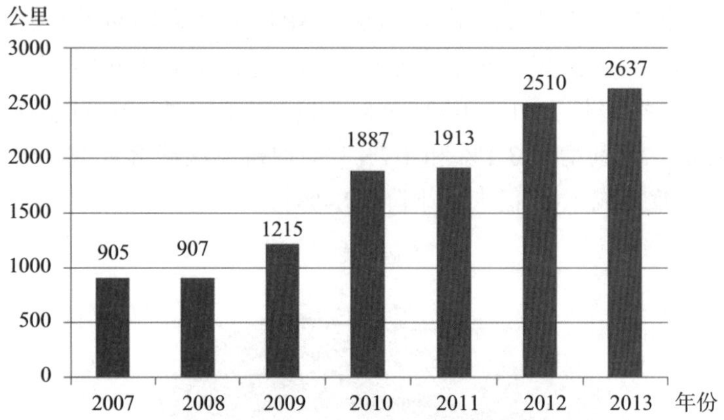

图 5–3 2007—2013 年中国城市轨道交通运营里程增长趋势

络运营方案与建设工程。

5.2 城市轨道交通规划

5.2.1 我国城市轨道交通发展经历的三个阶段

第一阶段为开始建设阶段，从 20 世纪 80 年代末至 90 年代中期。以上海地铁 1 号线（21 公里）、北京地铁复八线（13.6 公里）、北京地铁 1 号线改造，广州地铁 1 号线（18.5 公里）建设为标志，我国真正以交通为目的的地铁项目开始建设。随着上海、广州地铁项目的建设，大批城市包括沈阳、天津、南京、重庆、武汉、深圳、成都、青岛等开始上报建设轨道交通项目，纷纷要求国家进行审批。

第二阶段为调整整顿阶段，从 1995 年至 1998 年。地铁建设发展迅猛，许多地方不考虑经济的承受能力和社会发展的需要，城市轨道交通建设带有很大盲目性。针对工程造价很高、轨道交通车辆全部引进、大部分设备大量引进、城市地铁每公里造价 1 亿美元左右等问题，1995 年国务院办公厅 60 号文件通知，除上海地铁 2 号线项目外，所有地铁项目一律暂停审批，并要求做好发展规划和国产化工作。这期间近 3 年国家没有审批城市轨道交通项目。1997 年年底开始，国家计委研究城市轨道设备国产化实施方案，提出深圳地铁 1 号线（19.5 公里）、上海明珠线（24.5 公里）、广州地铁 2 号线（23 公里）作为国产化依托项目，于 1998 年批复 3 个项目立项，轨道交通项目又开始启动。

第三阶段为蓬勃发展阶段，从 1999 年至今。一是随着国家积极财政政策的实施，国家从建设资金上给予有力支持；二是通过技术引进，国际先进制造企业同国内企业合作，实现了城市轨道交通车辆、设备本地化，使城市轨道交通建设造价大大降低。国家先后批准了深圳、上海、广州、重庆、武汉、南京、杭州、成都、哈尔滨等10多个城市轨道交通项目开工建设，并投入40亿元国债资金予以支持，我国轨道交通建设进入高速发展期。

根据国民经济和社会发展，城镇化进程加快的需要，城市及城际轨道交通在未来十几年将处于网络规模扩展，完善结构，提高质量，快速扩充运输能力，不断提高装备水平的大发展时期。到2020年，我国将建成几千公里城市和城际轨道交通系统，基本形成布局合理、功能完善、干支衔接、技术装备优良的城际、城市轨道交通网，实现城际客运专线、城市轻轨、城市地铁同铁路客运专线之间的有机衔接，方便旅客换乘，更好地为广大群众服务。

5.2.2 2013年全国轨道交通发展情况

一、2013年年末已运营线路

2013年年末，我国累计有19个城市建成投运城轨线路87条，运营里程2539公里。其中，成都市的成灌线67公里市域快轨，2010年建成投运，原先未计入统计，这次纳入统计属调增情况。因而，2013年实际新增2个运营城市、16条运营线路、395公里运营里程。在2539公里运营里程中，地铁2074公里，占总里程的81.7%；轻轨192公里，占总里程的7.6%；单轨75公里，占总里程的3.0%；现代有轨电车100公里，占总里程的3.9%；磁浮交通30公里，占总里程的1.2%；市域快轨67公里，占总里程的2.6%。详情如表5–1所示：

表5–1　2013年全国已开通城市轨道交通线路运营里程统计表

序号	城市	总里程（公里）	运营线路（条）	制式及运营里程（公里）						2013年新增里程（公里）	2012年年末运营里程（公里）	备注
				地铁	轻轨	单轨	现代有轨电车	磁浮交通	市域快轨			
1	北京	465	17	465.0	—	—	—	—	—	23.0	442	
2	上海	577	16	538.4	—	—	9.0	29.9	—	99.3	477.9	
3	天津	139	5	78.6	52.3	—	7.9	—	—	1.7	137	
4	重庆	170	4	94.6	—	75.3	—	—	—	38.8	131.1	
5	广州	246	9	246.4	—	—	—	—	—	24.5	221.8	
6	深圳	178	5	178.3	—	—	—	—	—	0.0	178.3	
7	武汉	73	3	44.2	28.5	—	—	—	—	16.5	56.2	

续表 5–1

序号	城市	总里程（公里）	运营线路（条）	制式及运营里程（公里）						2013年新增里程（公里）	2012年年末运营里程（公里）	备注
				地铁	轻轨	单轨	现代有轨电车	磁浮交通	市域快轨			
8	南京	82	3	81.6	—	—	—	—	—	0.0	81.6	
9	沈阳	115	6	55.1	—	—	60.0	—	—	65.3	49.8	
10	长春	48	2	—	48.3	—	—	—	—	0.0	48.3	
11	大连	87	4	—	63.2	—	23.4	—	—	0.0	86.6	
12	成都	115	3	48.2	—	—	—	—	67.0	8.7	39.5	市域快轨成灌线 67 公里属于调增
13	西安	46	2	45.9	—	—	—	—	—	25.3	20.6	
14	哈尔滨	17	1	17.5	—	—	—	—	—	17.5	0	首条线路投入运营
15	苏州	51	2	51.3	—	—	—	—	—	26.1	25.2	
16	郑州	26	1	26.2	—	—	—	—	—	26.2	0	首条线路投入运营
17	昆明	40	2	40.1	—	—	—	—	—	22.1	18	
18	杭州	48	1	48.0	—	—	—	—	—	0.0	48	
19	佛山	15	1	14.8	—	—	—	—	—	0.0	14.8	
合计		2539	87	2074	192	75	100	30	67	395	2077	

二、2013 年年末在建线路

2013 年在新型城镇化的推动下，轨道交通建设项目持续增长，至 2013 年年末，全国有 35 个城市在建轨道交通线路长度 2760 公里，车站数 1898 个，其中换乘站 443 个。

5.2.3 各城市轨道交通规划

杭州市城市轨道交通近期建设规划（2013—2019 年），在报送国务院批准同意后，国家发改委于 6 月 20 日正式予以批复。

本次批复的近期建设规划共包括四条线路，分别为 2 号线二期工程、4 号线

表 5-2 2013 年我国部分城市轨道交通在建里程统计表

名称	在建线路	在建总里程（公里）
广州	4、6、7、8、9、13、21 号级以及广佛线	189
北京	6、7、8、14、15、16 号线，昌平线、门头沟线	179
南京	3、4、6、10、11 号线	174
重庆	1、2、3、4、5、6 号线以及环境	150
大连	1、2、8、10 号线	148
青岛	2、3 号线及 R1 线	108
深圳	7、9、11 号线	107
天津	2、3、5、6 号线	99
成都	1、2、3、4、7 号线	97
武汉	1、3、4、6 号线	87
宁波	1、2 号线	74
苏州	2、4 号线	69
沈阳	2、9、10 号线	58
上海	9、12、13、16 号线	56
杭州	1、2、4 号线	56
无锡	1、2 号线	56
合肥	1、2 号线	53
南昌	1、2 号线	52
长沙	1、2 号线	50
西安	2、3 号线	45
长春	1、2 号线	40
昆明	1、2、3 号线	40
东莞	R2 线	38
贵阳	1 号线	34
南宁	1 号线	32
厦门	1 号线	30
石家庄	1、3 号线	30
福州	1 号线	25
郑州	2 号线	20
佛山	1 号线	7
哈尔滨	3 号线	6

一期工程、5 号线一期工程、6 号线一期工程，4 个项目线路总长度 106.6 公里，项目总投资约 698.91 亿元，预计在 2019 年年底前全部建成。

2 号线二期工程，为 2 号线一期工程的延伸，自丰潭路站至良渚组团的新良路站，线路长 11.2 公里，设站 8 座，投资 77.2 亿元，规划建设期为 2013—2017 年。

4 号线一期工程，自滨江区的东冠路站至城东新城的彭埠站，线路长 20.8 公里，设站 18 座，投资 140.19 亿元，规划建设期为 2013—2017 年。

5 号线一期工程，自萧山区铁路杭州南站外香樟路站至未来科技城（余杭组团）的科技岛站，线路长 48.1 公里，设站 36 座，投资 315.9 亿元，规划建设期为 2014—2019 年。

6 号线一期工程，自之江旅游度假区的双浦镇站至钱江世纪城的内环西路站，线路长 26.5 公里，设站 20 座，投资 165.62 亿元，规划建设期为 2014—2019 年。

另外，1 号线下沙延伸段将在 2015 年建成通车，2 号线西北段将在 2017 年建成通车。

表 5–3　杭州城市轨道交通近期建设规划情况表

序号	线路	始末站	设站数	总长度（公里）	规划建设期	预计通车时间
1	2 号线二期工程	丰潭路站—新良路站	8	11.2	2013—2017 年	2017 年
2	4 号线一期工程	东冠路站—彭埠站	18	20.8	2013—2017 年	2017 年
3	5 号线一期工程	香樟路站—科技岛站	36	48.1	2014—2019 年	2019 年
4	6 号线一期工程	双浦镇站—内环西路站	20	26.5	2014—2019 年	2019 年

到 2019 年，杭州市将建成 1、2、4、5、6 号共 5 条线路，总长度达 190 公里，初步形成杭州市城市轨道交通基本网络。

5 条地铁线建成后，线网将覆盖到“一主二副二组团”（余杭、良渚组团），改善了城西、城北居民利用公交出行的条件；紧密了城西科创园（未来科技城）与主城区的联系；联通了铁路杭州东站、杭州站、杭州南站等对外交通枢纽；进一步提升了钱塘江两岸的紧密程度（轨道交通的过江隧道将增加到 5 条，分别为 1、2、4、5、6 号线），将极大方便居民的过江通行；居民公交出行占总出行比率将从 2010 年的 21% 提高到 40% 左右。

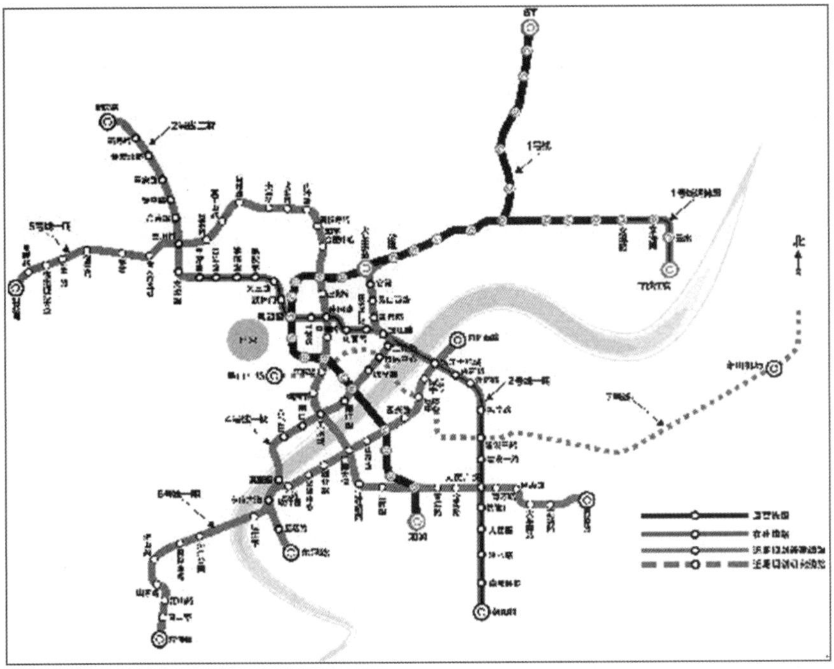

图 5–4　杭州市城市轨道交通近期建设规划（2013—2019 年）示意图

5.2.4 我国城市 BRT 发展历程

自 2005 年 12 月北京南中轴快速公交 1 号线的开通起，BRT 开始了在我国的快速发展和演进。截至 2013 年 1 月，我国已经有 20 多个城市和地区开通了 BRT 系统，已建成的 BRT 系统覆盖范围（一票制）超过 1300 公里，高峰小时最大断面单项客流量从 800 人次 /h 至 2.7 万人次 /h 不等，运营速度主要分布在 14 ～ 19km/h，最高可达 31km/h。表 5–4 是国内部分城市 BRT 系统特征。

表 5–4　部分城市 BRT 设施和运营特征

城市	开始实施年份	设施特征			线路特征		运营特征		
		公交专用道		站台	线路封闭性	线路形式	运营模式	运营效果	
		形式	封闭性	形式和位置				单向高峰载客量（人次 /h）	运营速度（km/h）
北京	2004	地面、路中式	隔离栏	路中、岛式	封闭式	区间线编组运营	固定式	2750	18 ～ 20
杭州	2006	地面、路侧式	分道器、概念隔离	路侧、侧式	组合式	组合线路	直达式	6300	18

续表

城市	开始实施年份	设施特征			线路特征		运营特征		
		公交专用道		站台	线路封闭性	线路形式	运营模式	运营效果	
		形式	封闭性	形式和位置				单向高峰载客量（人次/h）	运营速度（km/h）
常州	2008	地面、路中式	概念隔离	路中、侧式	组合式	组合线路	直达式	4500	18
厦门	2008	高架	概念隔离	路侧、侧式	封闭式	地面支线接驳	固定式	8360	27
济南	2008	地面、路中式	物理隔离	路中、岛式	组合式	组合线路	固定式	3300	14
盐城	2010	地面、路中式	分道器、概念隔离	路中、侧式	组合式	组合线路	直达式	1300	18
广州	2010	地面、路中式	概念隔离	路中、侧式	组合式	大站快车	直达式	27400	17～19
连云港	2012	地面、路侧式	分道器、概念隔离	路中、侧式	组合式	组合线路	直达式	1650	18
常德	2012	地面、路中式	概念隔离	路中、侧式	组合式	组合线路	直达式	800	31

由表可知，我国 BRT 系统的设计和运营理念经历了一个不断优化提升的过程。最初的 BRT 系统设备和技术相对粗糙、规模较小、服务范围有限、系统封闭，且运营模式为固定线路模式，衔接与环城不方便，使得只有少部分的乘客才能享受快速公交服务，这样大大降低了系统的服务质量，典型例子有北京和杭州的 BRT 系统。尽管如此，这个阶段的 BRT 系统还是有很多积极的特征，如具有及非隔离带的公交专用道消除了非机动车与公交行驶的冲突，保证了公交车辆的空间权利。

相比常规公交而言，尽管国内城市 BRT 系统的服务质量有了很大的提升，并为中国 BRT 系统的发展奠定了良好的基础，但并没有成为能在其他城市复制的典范。随后，新一代 BRT 系统无论在规划、设计还是管理上，都有了进一步改进，直达式的运营模式、高架式的 BRT 专用路和双开车门都为新一代 BRT 系统增色不少，使得系统的灵活性更高；同时也考虑了 BRT 系统与其他交通方式的结合，如常州 BRT 沿线整合设置了高质量的自行车道。但这一阶段的 BRT 系统也存在很多不足，如低密度的西安网规划、低容量的展台设计、不完善的线路换乘和公交优先力度低的交叉口信号控制等。

针对上述两代系统的不足，以广州为代表的最新一代BRT系统应运而生。新一代系统主要对现网总体规划、运营模式、高容量的通道和站台设计以及不同环城模式的合理空间分配等方面进行完善，市内走廊高峰小时最大单向客运量超过2.6万人次（与中运量的轨道交通相近），仅次于波哥大“千禧年”BRT系统，位列亚洲第一。

综上，我国的BRT系统发展经历了一个由规模小、结构简单、模式固定、服务有限的系统向规模完善、结构健全、模式灵活、服务更广的系统发展的过程。在系统化的过程中，BRT系统的潜力不断被挖掘，载客能力也不断增大。

5.3 有轨电车规划

5.3.1 我国有轨电车规划及发展概况

现代有轨电车速度快、运能弹性大、经济环保，具有广泛的使用范围。在大城市，它可以用来填充常规公交与地铁之间的空白，与其他方式共同构建城市综合交通体系；在中小城市，它可以作为城市交通的骨干，提供快速便捷的服务。

目前，我国各大城市的交通体系沿袭着“公交、地铁”双足走路模式。随着城市规模的不断扩张，城市病在全国各大城市不断暴露，环境污染、交通拥堵、规划混乱……而城镇化的继续发展，城市病的治理与预防，市内轨道交通建设成为关键。

“十二五”规划纲要和“十二五”综合交通运输体系规划，对有轨电车已有较为明确的定位。依据规划，未来公交、地铁、有轨电车将有“三分天下”之势。国家发改委拟议中的“关于促进城轨交通健康发展指导意见”，以及委托中国城市交通协会拟定的“城轨交通建设规划编制评审办法”“城轨交通工程线路可研报告大纲”等管理文件，都将明确现代有轨电车的定位。

目前，全国26个大中城市已经布局有轨电车。沈阳有轨电车已经成网运行，上海、天津、大连也已经先行一步。北京、重庆、武汉、广州、哈尔滨、苏州、深圳、珠海、泉州、太原、大同、抚顺、本溪、济南、青岛、合肥等一大批城市已在筹划之中。计划到2020年，需要建设的线路总长超过2500km，全国远期规划线路长度为5000km。预计至2020年，我国现代有轨电车工程总投资预计达3000亿元人民币，车辆市场规模达600亿元人民币，年均需求75亿元人民币。

我国首个现代有轨电车项目8月在沈阳成网运行。整个路网由4条线路组成，线路总长约60公里，共设车站67个。有轨电车轨道与绿草几乎融为一体，车辆客室地板距轨面低于40厘米，在运行全程中，乘客几乎感觉不到高度差。

5.3.2 有轨电车规划要点

一、功能关系

随着城市快速轨道交通（地铁 / 轻轨）的迅速发展，国内大多特大城市均已开展了轨道交通网络规划。有轨电车作为介于快速轨道交通与常规公交之间的中低运量系统，其发展首先应明确功能定位，尤其需要先确定与其他公交方式之间的关系，然后再结合区域需要确定具体功能定位。

（一）与大中运量快速轨道交通的关系

大中运量轨道交通系统是城市交通的生命线，处于城市交通的最高层次，因此有轨电车应避开大中运量轨道交通走廊，且不宜作为轨道交通的过渡形式，但可作为大中运量轨道交通的补充、联络和延伸。

需要说明的是，从运输能力上讲，现代有轨电车线路可作为地铁或轻轨的过渡，但从系统的经济性及升级施工带来的系列影响角度看，有轨电车不宜作为大中运量轨道交通的过渡形式。有轨电车要求铺设专门的轨道和供电系统，只有在客流达到一定规模且长期运营的情况下，才能充分发挥其优势，否则容易引起投资浪费。

（二）与 BRT 的关系

有轨电车与 BRT 同为中低运量系统，同一走廊不能重复布设；有轨电车可与 BRT 共存，但需协同规划，明确有轨电车和 BRT 的布设关系。

有轨电车与 BRT 同属城市公共交通系统的范畴，处于同一个运量层级，根据需要，可同时发展，即在全市范围内或某一区域可兼有两种系统。但从系统网络运营效益和资源共享的角度，应统一规划，明确有轨电车和 BRT 的布设关系。

二、合理规模

现代有轨电车具有灵活、适应性强、可单线运营的特点，也放宽了对网络的整体性要求，网络规划受建设时序、资源共享的限制较小。因而，相对于轨道交通网络，现代有轨电车的网络规模更具有弹性。但考虑初始投资较高，仍有其合理规模的范围，它是需求规模和可能规模的叠合结果。

可能规模是城市财力、建设能力、实施条件允许的规模范围，而需求规模依区域交通出行量、合理交通结构、交通走廊需求分布、线路服务水平等因素而定。

三、合理布局

从空间布局上，有轨电车走廊可以理解为三大空间的整合结果，如图 5–5 所示，即功能空间、需求空间和实施空间。

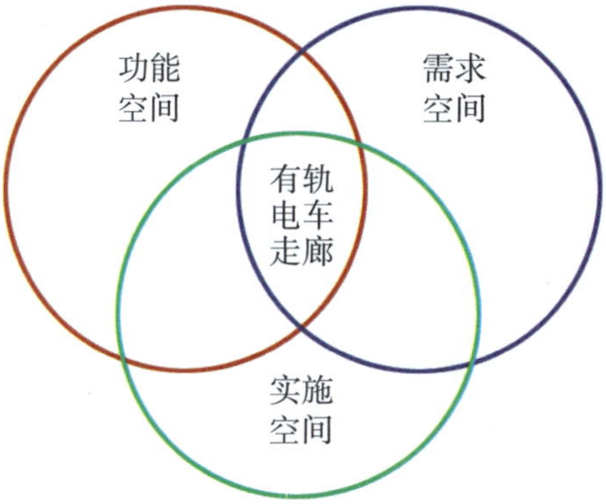

图 5–5　现代有轨电车与三大空间关系

（一）功能空间

功能空间即从功能上区分有轨电车与其他公交系统的空间关系，轨道交通作为城市客运交通的骨干，反映城市发展战略企图和目标，其规划更多是基于宏观战略层面的思考，重在支持城市结构与布局的实现；常规公交是城市公交的基础，重在实现城市大大小小的功能片区的良好连通；而现代有轨电车是城市客运交通中观层面的补充，更加注重对走廊内的服务和对轨道、常规公交的衔接。因此，现代有轨电车有其适宜的功能空间，包括第一点的功能定位中的分析结论。

（二）需求空间

现代有轨电车走廊必须具备一定规模的客流需求，这是维持系统良好、可持续运转的根本保证。从系统运能上看，现代有轨电车的系统能力在 0.6 万～ 1.5 万人次 /h，即通过分析公共交通出行走廊的分布，将上述范围内的需求走廊作为有轨电车的潜在走廊。同时也要求沿线具备稳定的规划和严格的开发模式控制，将需求量级控制在有轨电车的系统能力范围内。

（三）实施空间

即满足下述两方面的空间条件：其一，满足有轨电车的工程可行性；其二，对道路其他机动车交通流不产生过大的负面影响。实施空间是线路方案得以实施的基本保障。通常情况下，特色服务性有轨电车与交通性有轨电车在实施空间上有所不同，交通性有轨电车需要占用较大的道路空间（设置专用道），因此所选走廊应具备双向 6 车道或规划红线不小于 40m 的基本路幅条件。另外，要确保有轨电车的优先通行权，需要采用信号智能控制，降低有轨电车的路口延误，提高旅行速度（有数据表明从“无优先”到“有条件优先”再到“完全优先”速度依次可提高 5km/h），而信号优先最重要的是处理好与相交道路机动车通行权的关系，当相交道路为干道其交通流量较大时，应选择合适的优先策略和信号控制方案，在提供有轨电车优先通行的条件下，避免给相交道路带来过大的交通拥堵。

5.3.3 2013 年规划案例

《松江区现代有轨电车网络规划（2013—2020 年）》：

一、规划背景

为落实上海市公交优先发展导向，完善松江区区域公共交通系统，松江区政府组织编制松江区现代有轨电车网络规划，已形成规划方案，对地区线网方案、近期实施线方案以及车辆基地等予以明确。

二、规划范围与年限

（一）规划范围

松江区域，重点为松江新城范围，约 158km^2。

（二）规划年限

规划期与城市总体规划年限一致，为 2020 年，近期至 2016 年。

三、规划方案

（一）发展目标与功能定位

（1）发展目标：构建承担服务地区主要客流走廊、提升公共交通服务水平、支撑和引导新城集约发展的现代有轨电车交通网络，重构松江新城公共交通供给模式。

（2）功能定位：现代有轨电车是松江新城内部相对独立的骨干型公共交通系统，填补松江新城在轨道交通和常规公交之间运能服务空档；同时衔接地区轨道交通网络，串联新城主要功能节点并覆盖重点城镇组团。

（二）新城网络规划方案

（1）线网规划：规划松江新城内部共五条线路，分别为 T1 线、T2 线、T3 线、T4 线和 T5 线，总长约 64km。同时对部分通道进行规划研究。

（2）车站设置：松江新城内设站 90 座，其中两线及以上换乘站 6 座，衔接轨道交通 9 号线大学城站、体育中心站、松江南站以及轨道交通 22 号线（金山支线）新桥站和车墩站。

（三）区域网络规划方案

（1）线网方案：线网规划六条线路，总长约 90 公里。设站 118 座，换乘站点 8 座，与轨道 9 号线松江南站、体育中心站、大学城站、佘山站和轨道 12 号线七莘路站以及轨道 22 号线（金山支线）车墩站、新桥站实现换乘。

（2）车辆基地：规划设置“一段四场”车辆基地，即辰塔路车辆段（约 20 公顷）、大学城站停车场（约 2 公顷）、中春路停车场（约 3 ～ 5 公顷）、北松路停车

图 5–6　松江新城现代有轨电车网络规划图

场（约 2 公顷）和新桥停车场（约 2 公顷）。

（四）近期实施线规划方案

（1）T1 线：起自新松江路，经三新北路—荣乐西、中路—民益路—新镇街—新站路，终至新桥站，全长约 16.4km，设站 25 座，换乘轨道 9 号线体育中心站和轨道 22 号线（金山支线）新桥站。实现整合既有公交主通道、提升公交服务功能。

（2）T2 线一期：起自三新北路，沿新松江路—人民北路—梅家浜路—嘉松南路—广富林—新庙三路，终至荣乐东路，全长约 12.1km，设站 19 座，换乘轨道 9 号线大学城站。实现引导和带动新城北部地区快速发展功能。

（3）车辆基地：建设辰塔路车辆段、大学城和新桥停车场以及 1.0km 车辆进出车场线（辰塔路至三新北路），辰塔路车辆段一期用地约 10 公顷，大学城和新桥停车场用地各约 2 公顷（结合公交枢纽综合利用）。

（4）规划控制要求：线路实施线位、站位、布设方式等以选线专项规划控制线划示为准。

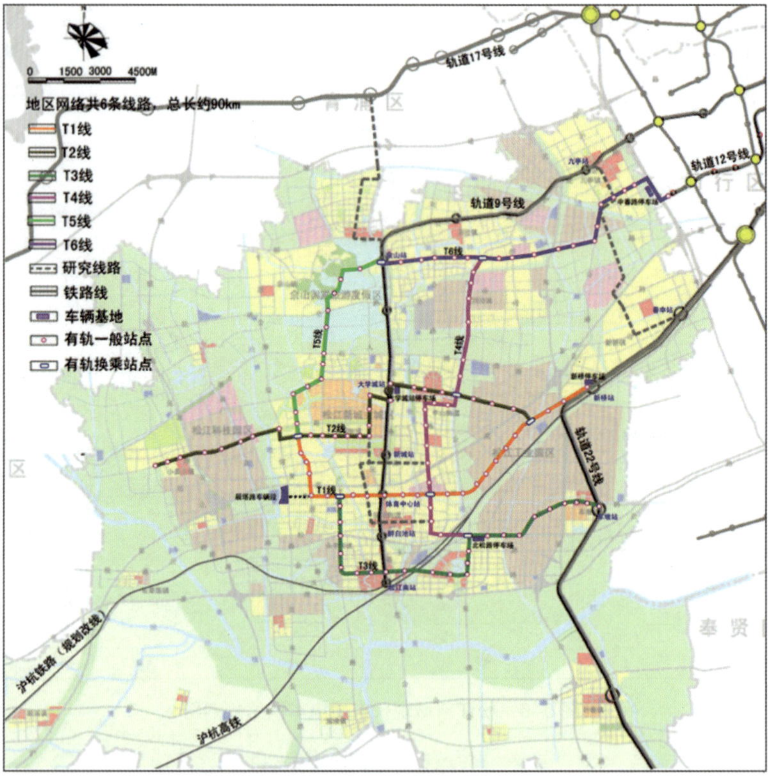

图 5–7　松江区现代有轨电车网络规划图

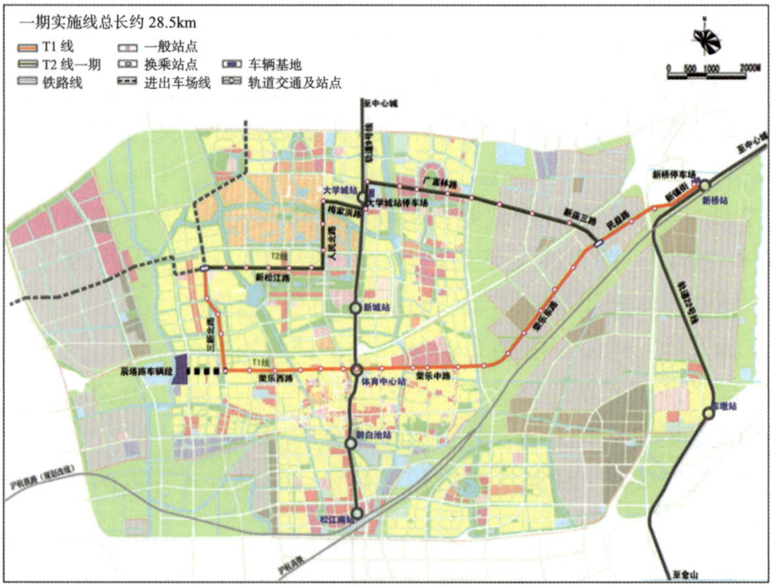

图 5–8　松江新城近期实施线规划方案

5.4 辅助公交发展概况

5.4.1 社区公交

“最后一公里”是市民出行时一个普遍的难题，比如，社区居民出门上班、办事等总会遇上这样的情况：如果开私家车，路并不远也不好停车；要是坐公交，下车后总要走上一段才能到目的地。这就是我们平常所说的“最后一公里”。社区公交的出现，可以在很大程度上解决市民出行的“最后一公里”难题。

社区公交线路是指设置在居民密集区与大型换乘站之间公交线网空白区域的线路，主要是实现不同层次线路之间的客流交换，一定程度上能解决“最后一公里”的问题。

一、济南案例

继上海开辟社区公交解决居民出行“最后一公里”难题后，全国其他各大城市也纷纷开通社区公交，济南于 2013 年 11 月开通 504、505 路两条社区公交，完善济南市公交线网的“微循环”建设，填补小区支路公交空白，方便类似鲁能领秀城这样大社区的居民乘坐公交。

新开通的 504 路由姚家庄开往转山西路，途经浆水泉路、经十路，然后沿

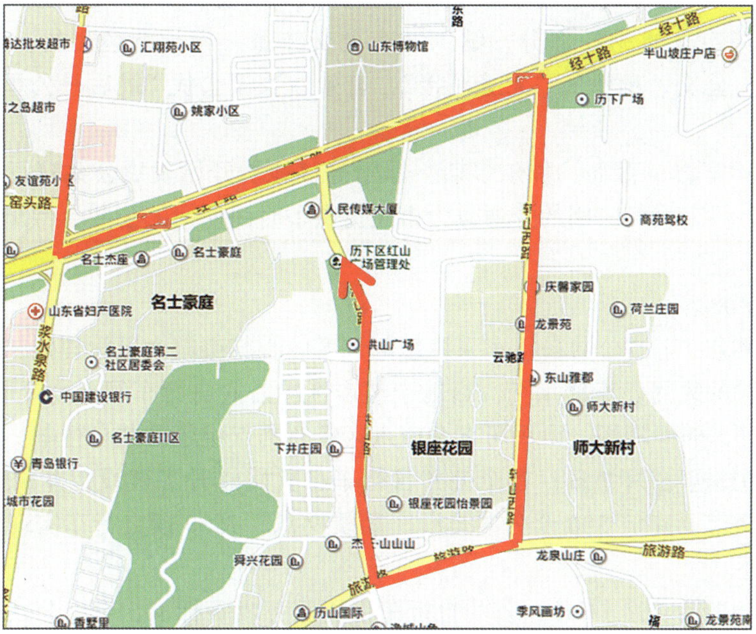

图 5–9 504 路公交线路走向示意图

转山西路向南、旅游路向西、洪山路向北、经十路向西恢复原线路，沿途设置12个站点。姚家庄发车时间为6:30～20:00，转山西路发车时间为6:45～20:15。该线路的开通填补了洪山路、转山西路北段公交空白，进一步方便了下井庄园、银座花园等沿线小区的居民出行。

505路由黄岗开往匡山立交桥南，途经黄岗路、济齐路、幸福街至二环西路，沿途设置10个站点。黄岗发车时间为6:30～20:30，匡山立交桥南发车时间为6:50～20:50。该线路的开通填补了幸福街西段约一公里公交空白，连接了二环西路、无影山中路、纬十二路等主要公交走廊，市民可方便换乘BRT-1号线、二环西路BRT临时线、2路、12路、32路、K59路、45路、83路、120路等多条公交线路。

二、社区公交发展存在的问题

社区公交的发展面临许多问题，目前制约公交进社区的主要因素是社区道路上的停车问题。很多小区乱停车现象严重，有些社区的消防车道上都停着车，公交更是难以通行。公交车进社区会不会加重小区支路的拥堵呢？如果社区公交加重了社区内的拥堵，该何去何从也是我们必须考虑的问题。

5.4.2 公共自行车

为了缓解城市交通环境问题，以百姓为主的自行车租赁服务在国内外等各大城市悄然兴起。巴黎、伦敦、哥本哈根、杭州、株洲、武汉等地，将自行车租赁作为城市交通的一部分，纳入城市公交体系，倡导绿色出行。同时，公共自行车与公交、地铁等“无缝对接”，有效解决了公民“最后一公里”出行的难题。

2013年宁波、青岛、鄂尔多斯、邵阳等各地均开始发展公共自行车，同时各地公共自行车手机应用的开通也为市民提供了时尚便捷的公共自行车服务的体验方式。

一、宁波案例

在管理上，宁波公共自行车采用总部调度中心与市辖六区管理处二级调度的模式，确保各区网点车辆平衡。目前宁波市区的公共自行车网点均开通了24小时租还业务，随租随用，市民可在全市六区任意网点租还公共自行车。

（1）2013年8月7日，首个公共自行车租赁网点开工建设，并预计9月22日之前，全市要建成300个公共自行车租赁网点，7500辆自行车实现全市范围内统借统还。

（2）2013年9月11日，公共自行车租用服务收费标准出台，公共自行车租用实行阶梯式累进加价的办法计费。规定具体的收费办法为：租借1小时以内免费；1 小时以上 2 小时内，每车次 1 元；2 小时以上 3 小时内，每车次 2 元；3 小时以上，每车次按照每小时 3 元计费，不足 1 小时按照 1 小时计费。

（3）2013 年 12 月 29 日，公共自行车建设工作顺利收官：15000 辆自行车已经全部投放到位，宁波市“以公共自行车为代表的甬城慢行交通网络”已初步形成。

（4）截至 2013 年 12 月 30 日，全市已经办理公共自行车租赁卡 5 万余张，总租车量 100 万余次，日最高租车量 2.8 万余次。

二、各地公共自行车发展存在的问题

（一）亏损现状堪忧

如广州公共自行车运营管理有限公司一年约亏损 3000 万元，而常州在引入公共自行车一年后就陷入停租的尴尬境地。

（二）安全性差

在私家车普及、机动车遍地的当今社会，相对于公交出行而言，自行车的安全系数很低，且在雨雪天气，容易打滑，自行车出行的安全系数更低，因此就出现了像宜兴、无锡等地，雨雪天气公共自行车全部暂停使用的情形。

（三）租借系统稳定性、易操作性仍存在缺陷

如天津市滨海新区的多处公共自行车租赁点就因为系统设备两年多使用而损坏，导致租车者面临无法停车的窘境。

（四）布局不合理，破坏市容市貌及道路交通

因几乎所有运行公共自行车租赁系统的城市都是亏损运营，为缓解亏损状况，各地纷纷采取措施，如杭州、武汉等地在公共自行车服务点设立巨大的灯箱广告牌以赚取广告收入，既形成了对步行区的挤占，又严重破坏了市容市貌。

三、发展建议

（1）量力而行，切勿盲目跟进。

（2）规划安全畅通的自行车道，保障骑车人安全。

（3）加强公共自行车配套基础设施，改进管理方式，完善管理系统。

（4）采用政府主导，企业运作模式，寻求多种扭亏为盈的举措。

5.4.3 水 / 海上公交

水上公交主要承担水上公共交通运输和周边城市的旅游线路功能，有利于促进当地经济的发展和旅游资源的开发利用。

厦门海上公交：厦门是一座滨海城市，具有发展水上公交的良好条件，发展水上公交不仅是厦门发展滨海旅游业的需要，且兼具缓解陆路交通拥堵的功能。厦门市规划局已于 2012 年组织开展了《厦门水上巴士近期实施规划》，对厦门水上巴士发展进行了整体研究，提出水上通勤客流需求和水上旅游客流需求两个体

系，初步规划了海上公交线路。

厦门“海上公交”的基本格局为：西海域重点发展漳州、海沧区、鼓浪屿海上公交，东海域重点发展集美、同安、翔安海上公交，东西海域再进行有机链接。

西海域前期以和平码头、轮渡码头、厦轮总客旅码头、第一码头、西堤码头为主，后期发展东渡厦金客运码头，并争取在东渡至高崎间和胡里山各增建一客运码头；东海域前期以五通码头为主，后期争取在五缘湾和机场附近各增建一客运码头；海沧区前期以嵩屿码头为主，后期依海沧区建设规划再增建一客运码头；集美区、同安区、翔安区各选择或新建一客运码头。

“海上公交”的船舶，将以交通、休闲、旅游三者相结合，依据码头靠泊能力、客流需求、通航环境的实际情况，按适度超前、中小型船舶结合（400 客位以下）的原则，由企业申请，有序投入。

此外，园博苑也将开发“水上游园博”的旅游项目，还可开发水上飞机、水上高尔夫、垂钓等岸线休闲项目，近年来已按此思路和一些有意投资者进行接洽，下一步将继续深化此类项目的前期工作，争取早日开通“水上游园博”旅游项目。

图 5–10　海上公交

5.4.4 定制公交

一、2013 年，定制公交发展情况

（一）青岛

2013 年 8 月，青岛定制公交平台上线，在居住地和上班地相对集中的地点设定了 2 条定制公交线路。青岛是全国首个定制公交试验点。

（二）北京

2013 年 9 月 1 日，北京定制公交平台上线，首批推出 24 条定制公交线路，共设 168 个车站。发车时间一般在早上 6 点至 7 点半之间，晚上发车时间在晚 5 点 10 分至 6 点半之间。

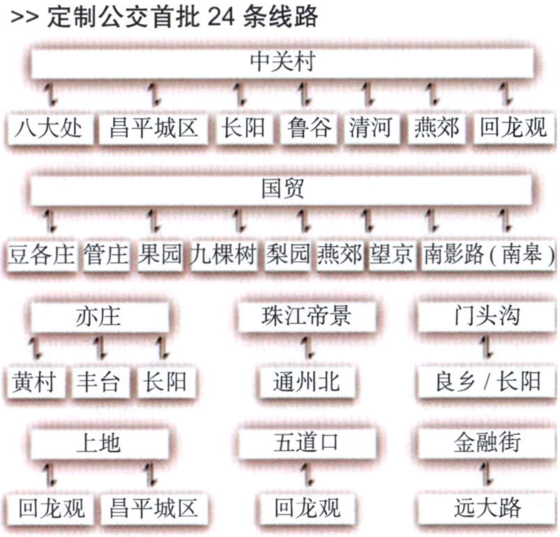

图 5–11　北京定制公交首批线路

2013 年 9 月 16 日，定制公交（商务班车）新增 3 个方向的线路，即燕郊至草房、草房至燕郊及六里桥至良乡。其中，六里桥至良乡将是本市商务班车的首条“夜班线”。

2013 年 10 月 8 日，定制公交（商务班车）新增 18 条线路。

二、定制公交发展瓶颈

（一）准点率不高；

（二）班次如增多，停靠点难寻。

5.4.5 轮渡及索道

重庆：重庆现有轮渡航线 3 条：朝天门—江北嘴—野苗溪三角航线、磁器口—桂花园航线、朝天门—洋人街航线，年客运量 118 万人次，同比增加 10.9 万人次，增长 10.2%。

有一条索道，即长江索道，年客运量 220.3 万人次，同比增加 13.5 万人次，增长 6.5%。全年最高日客运量 1.76 万人次，早晚高峰时段客流增加 0.5 万人次。

第六章　多模式交通的转换与交通枢纽

6.0 引言

2013 年 3 月，为积极推进综合交通枢纽建设，实现各种运输方式的一体化发展，国家发改委出台了《促进综合交通枢纽发展的指导意见》。意见指出以一体化为主线，创新体制、机制，统一规划、同步建设、协调管理，促进各种运输方式在区域间、城市间、城乡间、城市内的有效衔接，以提高枢纽运营效率、实现各种运输方式在综合交通枢纽上的便捷换乘、高效换装，为构建综合交通运输体系奠定坚实基础。

6.1 交通枢纽规划概况

6.1.1 国家层面交通枢纽规划布局概况

《促进综合交通枢纽发展的指导意见》提出十二五期间规划基本建成 42 个全国性综合交通枢纽。

表 6–1　全国性综合交通枢纽城市

区域	节点城市
华北（京、津、冀、晋、内蒙古）（8 个）	北京、天津、石家庄、秦皇岛、唐山、太原、大同、呼和浩特
东北（辽、吉、黑）（4 个）	哈尔滨、长春、沈阳、大连
西北（陕、陇、青、宁、新）（5 个）	西安、兰州、乌鲁木齐、银川、西宁
华东（沪、鲁、苏、皖、浙、赣、闽）（12 个）	青岛、济南、上海、南京、连云港、徐州、合肥、杭州、宁波、福州、厦门、南昌
西南（渝、川、滇、贵、藏）（5 个）	重庆、成都、昆明、贵阳、拉萨
中南（豫、鄂、湘、粤、桂、琼）（8 个）	广州、深圳、湛江、海口、郑州、武汉、长沙、南宁

客运枢纽方面，十二五期间以高速铁路、轨道交通等建设为契机，重点建设一批集多种运输方式于一体的综合客运枢纽。建设与铁路衔接的综合客运枢纽约100个，其中，在36个中心城市重点打造约40个集公路、铁路、轨道交通、城市公交、出租车等多种方式于一体的现代化大型综合客运枢纽。

货运枢纽方面，十二五期间拓展货运枢纽的现代物流功能。发挥沿海港口货运枢纽优势，建设港口物流园区，沿运输通道扩大辐射范围，带动内陆无水港发展，支持内河港口与保税园区、工业园区联动发展，大力拓展港口的现代物流功能。推进公路货运枢纽向物流园区转型。在全国196个国家公路运输枢纽城市，共建设200个左右、具有综合物流服务功能的物流园区或公路货运枢纽，强化与铁路、水路等其他运输方式的衔接，与产业园区、商贸市场、国际口岸有效对接，全面提升物流服务水平。2013年发布的《全国物流园区规划》(2013—2020)将北京、天津等29个城市确定为一级物流园区布局城市，石家庄、邯郸等70个城市确定为二级物流园区布局城市。物流园区布局城市可根据实际需要建设货运枢纽型、商贸服务型、生产服务型、口岸服务型、综合服务型等不同类型物流园区，到2020年，基本形成布局合理、规模适度、功能齐全、绿色高效的全国物流园区网络体系。

6.1.2 省级层面交通枢纽规划布局

江苏省至规划目标年2030年，共规划综合客运枢纽98个。按功能划分：国际长途综合客运枢纽共有4个，其中：特大型枢纽2个、中型枢纽2个。国内中长途综合客运枢纽共有19个，其中：特大型枢纽2个、大型枢纽8个、中型枢纽5个、小型枢纽4个。省际及省内中短途综合客运枢纽共有75个，其中：大型枢纽7个、中型枢纽23个、小型枢纽45个。

广东省十二五期间结合轨道交通网、高速公路网和机场、港口建设，加强节点城市综合运输枢纽建设，在广州、深圳和湛江等全国性综合运输枢纽城市，珠海、汕头和韶关等区域性综合运输枢纽城市以及其他地区性综合运输枢纽城市布局建设综合运输枢纽站场，使各种运输方式有效衔接，并与城市规划相协调，与城市建设相促进。完善以广州白云国际机场为国际复合型门户枢纽，深圳宝安国际机场为区域性枢纽机场，其他支线机场为补充的全省民用机场布局。新建8个铁路枢纽，改扩建9个铁路枢纽。组织实施广(州)佛(山)、深(圳)(东)莞以及珠海、汕头、韶关、梅州、江门、湛江、茂名、肇庆等10个国家公路运输枢纽总体规划。重点推进6个公路客运枢纽和7个公路货运枢纽及物流园区建设。完善港口集疏运体系，发展多式联运，实现沿海重要港口通铁路、高等级公路。

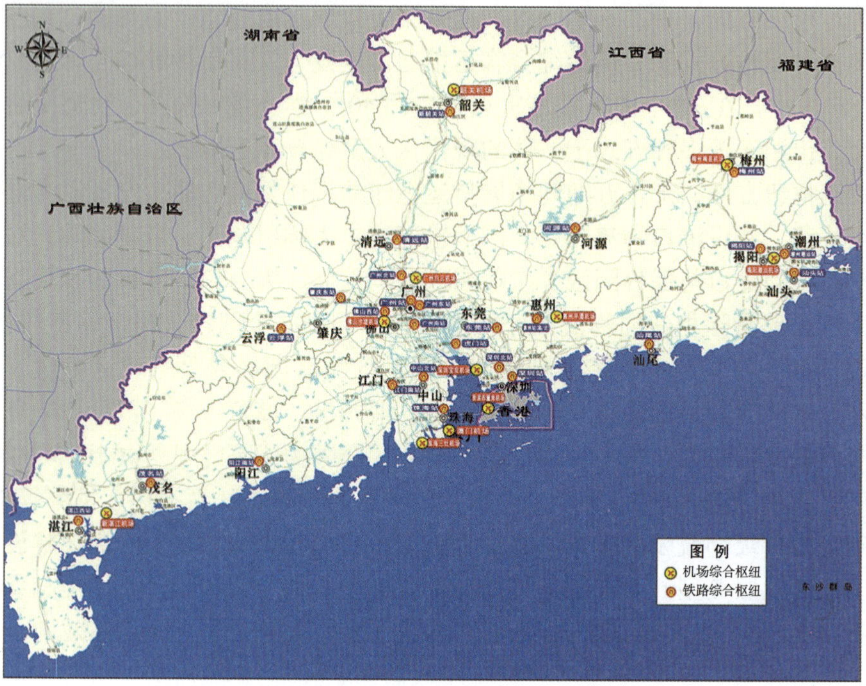

图 6–1 广东省民用机场及客运枢纽规划布局图

6.1.3 市级层面的枢纽规划布局

市级层面枢纽布局是枢纽场站设施的落地规划。布局思路包括运输市场和客运需求分析、功能定位、枢纽数量和规模测算、布局选址、配套设施等，布局选址影响因素包括城市空间形态、主要客源地分布、对外交通条件、用地情况等。规划成果包括功能定位、枢纽站址、用地规模等。

6.2 空港综合交通枢纽规划

在当前以高铁、航空为代表的高速交通时代，以机场为核心的综合交通枢纽，不仅能够提高城市在综合交通运输体系中的地位，同时还能吸引相关产业集聚，形成空港城，提升了机场及配套基础设施的综合使用效率，提高了机场周边土地价值，并带动机场周边产业聚集和产业结构升级，为城市经济发展发挥更重要的作用。随着机场客货吞吐量的迅猛发展以及高速铁路、城际轨道等在机场集疏运体系中发挥越来越重要的作用，越来越多的机场开始构建以大型空港为核心的综合交通枢纽。

上海虹桥综合交通枢纽成为国内许多城市建设综合交通枢纽的样板。作为国内最大的综合交通枢纽，上海虹桥综合交通枢纽以虹桥机场为核心，具有高速铁路、磁悬浮、城际铁路、高速公路客运、城市轨道交通、公共交通等各种运输方式的集中换乘功能，集散客流量每日超过 100 万人次。以上海虹桥机场为例阐述机场综合交通枢纽的规划设计中“一体化交通”规划理念。从规划阶段开始就以枢纽型、功能性、网络化的交通基础设施建设为目标，在“多方式均衡”的枢纽集疏运系统发展模式的指引下构建以服务枢纽为主的“双快集疏运系统”——快速路系统、轨道变通系统，突出多方式衔接的一体化设计，交通组织按照“便利简单、安全有序”的理念，重视管理的便捷性与运营的可靠性。

6.2.1 枢纽规划布局

虹桥枢纽是以航空港为核心，包括京沪高速铁路、磁悬浮轨道、城际铁路、城市轨道交通、长途客运巴士、市区公共巴士及出租车等多种换乘方式于一体的特大型交通枢纽。其中磁悬浮轨道将浦东与虹桥两大国际机场联通起来，实现两场之间的快速中转，充分发挥两个机场的优势。京沪高速铁路上海站则通过虹桥枢纽与航空航站楼实现换乘。枢纽通过集成在内部的其他市内交通类型与城市交通网络相联系。虹桥枢纽用地位于上海市西侧 26.26 平方公里的范围内。整个区域包括了交通功能、城市服务功能、商务功能、物流功能、景观功能、居住功能等，并利用枢纽综合优势，适度发展服务业，服务长三角辐射全中国。整个区域在空间上形成了东侧航空区、中部轨道交通区、西部开发区的并列模式。

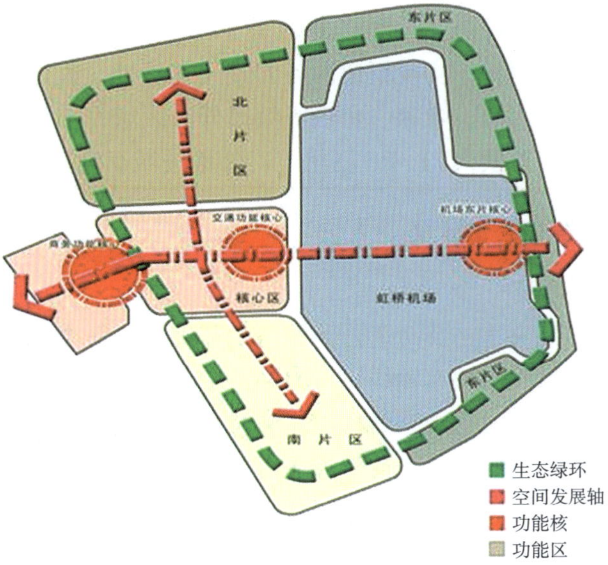

图 6–2　虹桥机场功能分区图

重庆市交通换乘枢纽分为综合门户枢纽、一般对外枢纽、城市交通主枢纽、城市交通次枢纽四类，共45个。

（1）综合门户枢纽：综合门户枢纽为市级大型对外交通中心，包含对外的铁路、航空、公路客运方式以及几乎全部的市内交通方式，以对外客运换乘为主体，日均换乘客流量大于10万人次，规划有江北国际机场、龙头寺、上桥、茶园、菜园坝—两路口等综合门户枢纽5个。

（2）一般对外枢纽：一般对外枢纽为市级对外交通中心，影响力与地位不及综合门户枢纽，作为主城与周边邻近区域联系的窗口。一般对外枢纽同时包含对外与对内交通方式，对外客流换乘比例高，日均换乘客流量大于3万人次。规划有北碚、西永（赖家桥）、西彭、鱼洞、茶园（长生桥）、复盛、四公里、两路（双凤桥）等一般对外枢纽8个。

（3）城市交通主枢纽：城市交通主枢纽位于城市（副）中心或者轨道线网关键节点，汇集多条轨道线路，承担城市（副）中心大量的人流集散与客流转换，快速联系外围地区和城市（副）中心，支撑中心地区的商业发展，缓解中心地区的交通拥堵。规划有沙坪坝、杨家坪、南坪、观音桥、小什字、空港新城、西永副中心、冉家坝、五里店、刘家坪等城市交通主枢纽10个。

（4）城市交通次枢纽：城市交通次枢纽服务组团或功能片区，用于跨区公交干线与区内公交支线换乘、轨道交通与接驳公交或社会车辆换乘。规划有大学城、陶家、九龙园、简家岩、新山村、外河坪、鹿角、大坪、红旗河沟、礼嘉、回兴、照母山、蔡家、悦来会展中心、水土、空港工业园、石坪、鱼嘴、龙兴、朝天门、白市驿、曾家等城市交通次枢纽22个。

重视枢纽一体化设计，实现枢纽内各方式无缝衔接，大力发展立体换乘。在界石、茶园、西永、西彭、蔡家、鱼嘴等城市外围区域，结合对外高速公路出入口和轨道车站设置停车换乘（P+R）枢纽，对外地进城车辆进行截流。

6.2.2 外围快速集疏运体系

一、外围集散网络

在既有上海城市快速路及高速公路网络的基础上，新增“一纵三横”快速路，形成以嘉闽高架为南北向快速轴线。对内到达中心城各区位、对外可连接上海多数出境高速公路的快速通道构建虹桥枢纽与长三角、上海市各功能区便捷联系的道路集运系统，使大量的集散变通能够通过与高速（快速）路网的沟通进行疏散，提供准时、快速、便捷，高保障度的服务。

二、内外衔接系统

虹桥枢纽周边地区用地开发形成的交通量与枢纽集散交通量相当，需要建设枢纽专用的高架快速集散系统，将两种不同的交通分离。同时也需要建立虹桥商务区内部集散系统与外围快速路网的联系，使虹桥商务区内的大量到发交通能够快速疏散，并做到流量、方向分配均匀合理。规划内部的三条快速通道（扬虹路高架、建虹路高架、七莘路高架）与紧邻枢纽周边快速道路（沪渝高速、嘉闵高架路、北翟高架路）构建立交，形成四个快速出入口进行疏散变通，确保提供高保障度的服务。

6.2.3 枢纽本体配套交通规划

一、枢纽本体总体布局

枢纽本体各交通主体的平面布局由东向西依次为：航站楼、东交通中心、磁浮、高铁、西交通中心；机场跑道、磁浮路线及高铁轨道均为南北向布置，轨道交通进入枢纽的线路为轨道交通 2 号线、10 号线、17 号线及规划 17 号线。其中 2 号线与 10 号线为由东向西由地下二层横穿枢纽核心区，规划轨道交通 17 号线南北向由地下三层交接高铁西线，并与 2 号线 10 号线形成换乘。轨道交通 17 号线由西向东从轴线大道地下层进入枢纽西侧，与其余轨道线形成换乘。

二、枢纽立体集疏运系统

立体道路系统主要由循环高架道路、地下道路、高架落地匝道、地下道路连接段组成沿扬虹路、建虹路、申贵路、七莘路形成枢纽内部高架环路，包括 4 个既相对独立又能有机联系的环路。通过落地匝道与地面道路、广场、停车场库进行沟通、连接。铁路客站、磁浮站厅、机场航站楼设置高架送客车道边，铁路客站南北两侧同时设置地下接客车道边。磁悬浮、航站楼之间设置地面接客车道边。

6.3 以城市综合体为建设模式的大型高铁客运枢纽

在大型高铁综合交通枢纽的规划设计方面，中国大城市多采用交通功能与城市空间分离的交通综合体形式。如：北京南站、上海虹桥站、天津站等高铁枢纽先后建成并投入使用。与传统的第一代火车站相比，上述铁路客运枢纽除了面积标准与造价标准普遍提高之外，还具有一个最显著的空间特征——将铁路及周边相关的各种交通设施整合在一个立体空间之内形成一体化的换乘空间。

6.3.1 目前高铁枢纽建设中存在的问题

由于体制、理念、建设周期等多方面的原因，中国式的交通综合体有着相对封闭的边界，边界内只设置交通设施和简单的配套商业服务设施。交通综合体与城市之间通过道路、匝道等相互隔离，这样的建设方式在保证枢纽投资运营主体明确，易于建设的同时，也存在以下几个问题。

一、与城市空间相隔离

在长期的体制隔离和过分强调交通设施的共同作用下，很多高铁枢纽被匝道环绕，与周边城市空间、功能和景观均处于相互隔离状态。如北京南站，充分考虑了小汽车、出租车的进出交通组织，但缺乏对步行进出站的考虑。若要步行前往或离开，周边没有什么地方可去，未与周边城市建立联系。

二、功能单一，空间封闭

新一代的高铁枢纽仍然以交通功能为主，虽然有些枢纽内部引入了一定的商业服务设施但总体而言高铁枢纽仍然是与周边城市功能缺乏呼应的独立王国。即使位于城市黄金商业地段，高铁枢纽也缺乏对综合化商业开发的考虑。功能单一空间封闭化，影响了土地价值的正常发挥。在高速铁路时代，随着同城化进程的不断推演这样的功能布局模式还有可能屏蔽很多新增的商务会议及旅游购物等潜在需求。

三、一次性投资与长期管理成本巨大，缺乏可持续性

实际上我国的高铁枢纽建设过程中，政府强势部门（铁道部）的大笔投资与地方政府打造城市形象的夙愿相结合。在巨大的一次性投入基础上也不甚考虑今后的运营维护成本，这样超脱的投资和建设模式在世界上其他国家实属罕见。因此在世界范围内尤其在先于我们 40 年建设高铁的日本几乎找不到这种自成一体、规模宏伟的交通综合体。

6.3.2 城市综合体建设模式

日本京都站和大阪站、德国的柏林（雷尔特）站以及目前在建的中国香港西九龙站等，为我们提供了富于启发性的范例。这些位于经济发达大城市中的高铁枢纽，普遍采用了“城市综合体”的建设模式。值得我国借鉴的主要有以下几点：

一、交通隐形化

与中国大陆不谋而合的是，这些大城市的高铁枢纽也多采用立体化、管道化的交通设施，但是其目的却不在于彰显交通设施，而是要把交通设施藏起来，在净化地面交通的同时，实现以人为本的环境目标。例如，在建的香港西九龙火车站将过境绕行的交通与枢纽集散交通均通过不同地下高程的匝道埋设于地下，地面只用于周边城市功能的日常集散：柏林（雷尔特）站高铁站台放置于地下二层，同时过境道路也采用长距离下穿方式通过枢纽核心，避免了过量交通功能对片区环境的干扰。通过交通隐形化的措施，尽量将地面以上的空间留给城市与行人。

二、空间融合化

在交通隐形化的基础上，高铁枢纽城市综合体与周边环境实现了有机衔接，

而不是割裂城市空间。例如香港西九龙站从设计之初就制定了通过高铁综合体的建设促进城市公共空间的一体化的规划目标。在实践过程中，一方面在基地的各个方向设置二层连廊或宽阔的二层平台，使基地内的公共空间和周边已建成的九龙交通城等物业紧密衔接，同时将基地与滨海的西九龙文化区连为一个整体。另一方面建筑形式力求与周边建筑肌理相协调，并不强调自己作为大尺度交通建筑的独特性。与之相类似，柏林雷尔特车站不仅外观像一处亲切的商业设施，其站前广场更作为城市广场存在，定期承担各种城市庆典活动。与城市公共空间有机融合。在形象上与周边的城市面貌相协调，以城市综合体的高层塔楼而不是交通设施建筑树立地标形象。

三、功能集成化

仔细研究上述高铁枢纽不难发现其功能与周边城市的商业需求呈现出紧密结合的趋势，在枢纽内部，交通功能与城市功能合为一体。例如日本京都站的进出站空间完全统一在巨大的商业空间之内，商业氛围十分浓郁；大阪站结合站场布置包括商业、商务、酒店甚至医疗功能的高层建筑，总建筑面积约 38.8 万 m^2；在建的西九龙站上物业开发功能多为办公大楼，开发规模约 30 万 m^2。交通设施与城市物业集成化的开发方式，不仅合理发挥了城市重要交通区位的土地价值，同时长期的物业租售收入也为维护枢纽设施的高品质运营提供了经济基础。

四、建设与开发商业化

与中国高铁的国有化建设与运营模式不同，欧洲及日本的高铁大多实现了部分或全部的私有化。国外及中国香港的枢纽建设者从一开始就把自己定位为城市的地产开发商及运营商。在考虑场站设施建设与维持成本的同时，想方设法利用交通设施带来的道路经济效益，多渠道筹集建设资金。提升商业地产的价值。因此，商业策划在上述高铁枢纽的规划中占有很大比重。与之相比，中国 20 世纪在杭州站与北京西站开展的不甚成功的商业化实验，除了时机不成熟（普铁客流的出行特征对高端商业商务开发支撑度低）与经验欠缺以外，规划与管理机制的差别也是重要的潜在原因。

另外，在国外，各种与高铁接驳的交通方式，如长途车、公交车等也大多实现了场站与运营相分离的市场化运管模式。长途车甚至公交车的运营公司需要租用高铁枢纽的场站开展业务。很多公司会自觉量入为出，只租用一两个上客泊位，而将车辆养护、停车甚至调度等职能都放到城市外围租金低廉的地区。因此，国外的高铁城市综合体中交通设施的功能面积较小，布局也相对集约。

6.4 多式联运理念下的货运枢纽规划

《促进综合交通枢纽发展的指导意见》提出，统筹货运枢纽与产业园区、物流园区等的空间布局。按照货运“无缝化衔接”的要求，强化货运枢纽的集疏运功能，提高货物换装的便捷性、兼容性和安全性，降低物流成本。

铁路货运站应建设布局合理、能力匹配、衔接顺畅的公路集疏运网络，并同站建设铁路与公路的换装设施。港口应重点加强铁路集疏运设施建设，大幅提高铁路集疏运比重；积极发展内河集疏运设施。集装箱干线港应配套建设疏港铁路和高速公路，滚装码头应建设与之相连的高等级公路。

规划目标：依托现代化的综合运输系统，市域范围内规划形成由货运枢纽、物流基地和物流中心构成的三层次物流货运节点体系，实现货运发展规模化、社会化，支撑西部物流门户枢纽的功能和重庆社会经济的发展。

重庆市货运枢纽站布局在市域范围内规划形成主城、万州和黔江三大货运枢纽节点。主城区，依托“三基地四港区”，共规划西彭、茶园、西永（团结村）、寸滩、南彭、两路、鱼嘴、北碚（水土）、佛耳岩、白市驿等10个货运枢纽站。在用地布局上，确保公路站场与铁路、港口、机场等货运场站进行统筹考虑，实现公、铁、水联运，提升综合运输效率。

重庆市果园港2013年年底开港运行。果园港上距朝天门约30公里航道里程，距渝怀铁路鱼嘴中心站5公里，距江北机场15公里，后方连接外环高速公路、渝宜高速，并通过进港铁路专用线与渝怀铁路相连，综合交通条件极为便利。港区设计年吞吐能力3000万吨，包括集装箱200万标箱，商品滚装车100万辆，铁水联运规划设计年通过能力650万吨。果园港铁路专线连接渝怀铁路，将于2014年年底正式通车，直接连接渝新欧国际铁路联运大通道，年进出通过能力将达到2500万吨，长江中下游货物可经果园港运到欧洲。公路方面，果园港周边路网便捷，有沪渝、渝宜等高速公路环绕，占地100亩的凯东公路物流园区与后方鱼嘴组团及周边产业群紧密联系，通过重庆三环十射三连线立体高速路网，快速到达周边省市。此外，两江新区还投资2亿元，专门修建一座四匝道的果园互通立交，直接与贯穿于果园港的外环相接，实现了水运、公运和铁运的立体物流网络无缝对接。果园港采用“前港后园”的整体布局，即前方为码头作业区，后方为港铁装卸、物流加工、仓储、综合配套区。在港口基本业务之外，果园港区自身还将产生大量的商贸物流。

武汉着力打造长江中游多式联运物流枢纽港。武汉阳逻古镇京九、京广铁路线夹境而过，京珠、沪蓉、大广、武英、武汉绕城高速连通四方，镇内距军民两

图 6–3 果园港

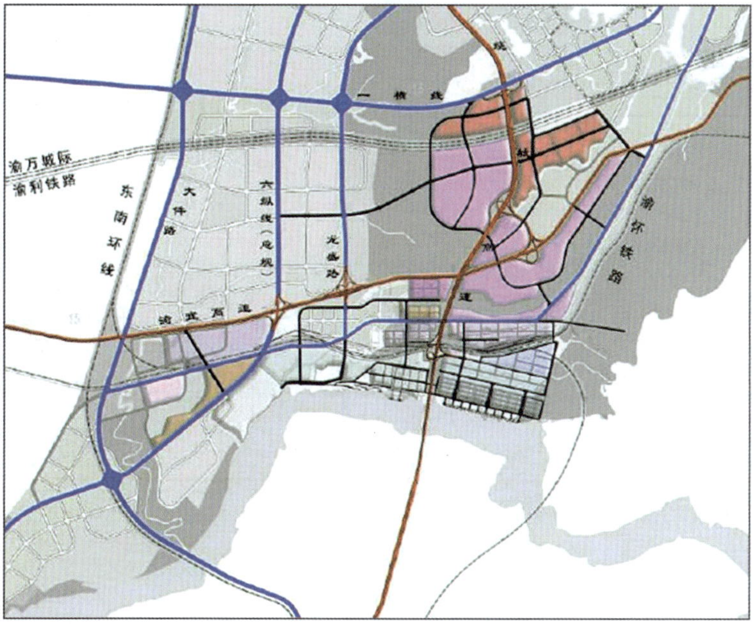

图 6–4 果园港交通衔接布局图

用机场——阳逻机场和距天河机场仅 30 分钟车程。它既是武汉通往沿海的长江咽喉，又是武汉东面门户及鄂东北和豫、皖、赣地区进入武汉的水陆要冲，铁、水、公、空多种运输方式在阳逻港会聚，发展多式联运具有得天独厚的条件。在 2012 年，阳逻港的集装箱吞吐量就达到 76.48 万标箱，2013 年上半年亦实现 40.36 万标箱，同比增长 8.93%。

郑州在郑州经济技术开发区内打造公路港、铁路港、航空港、信息港“四港一体”的多式联运物流枢纽国际陆港。同时，规划建设铁、公、空多式联运的航空港。目前在建的航空港经济实验区，位于郑州市主城区东南 25 公里处，规划面积 415 平方公里。实验区围绕“建设大枢纽、发展大物流、培育大产业”的发展主线，重点发展“航空物流、高端制造和现代服务”三大产业。计划在 2025 年，航空货邮吞吐量达到 300 万吨左右，与航空关联的高端制造业主营业务收入超过 10000 亿元；进出口总额达到 2000 亿美元。航空方面，郑州新郑国际机场全年完成货邮吞吐量 25.6 万吨，比上年增长 69.1%。目前，新郑国际机场二期扩建工

图 6–5　郑州航空港区规划图

程正在进行，规划二期建成后满足2020年旅客吞吐量2900万人次、货邮吞吐量50万吨的目标。2012年已开工建设的郑州机场综合交通枢纽工程，将城际铁路、高速公路、高速铁路等多种交通方式立体引入，进行有效衔接。铁路方面，2013年7月18日郑欧国际货运班列开行，经中国新疆阿拉山口市出境，途经哈萨克斯坦、俄罗斯、白俄罗斯和波兰，最终到达德国汉堡。目前每周开行2班，目的地覆盖欧洲12个国家32个城市。预计到2020年，集装箱年吞吐量达120万标准箱。配合陇海铁路、京广铁路以及新开通的京广高铁、郑西高铁，国内货源覆盖范围已扩大到珠三角、长三角、环渤海地区12个省份和直辖市。2013年郑州铁路周转量217.2亿吨公里，增长0.3%。

第七章　城市非机动化交通

7.0 引言

非机动交通主要包括电动自行车、自行车以及步行，是一种“低碳、绿色、可持续”的交通运行模式。然而，在当前机动化交通迅速发展的背景下，私人小汽车的快速增长使得行人、自行车面临着越来越多的小汽车的威胁，他们的安全状况令人堪忧。与机动化交通相比，非机动交通模式缺少必要的保护设施，在安全特性和交通环境舒适性上处于劣势，使得非机动交通模式使用者成为交通事故中最大的受害者。由于我国人口密度大，而且城市居民的大多数出行距离仍然在非机动车可达范围内，非机动车在城市居民的出行中占据着非常重要的作用。为此，国内很多大城市开始重新关注非机动车的发展。

7.1 步行

随着“城市步行和自行车交通系统示范项目”的实践与建设不断推进，第二批示范项目的验收工作也顺利结束并取得了良好的成果。随后住房和城乡建设部于 2013 年年末下发了《住房和城乡建设部关于开展城市步行和自行车交通系统示范项目工作的通知》要求，于 2014 年 6 月经过住建部审批，确定北京市西城区步行和自行车交通系统示范项目等 94 个项目为第三批城市步行和自行车交通系统示范项目，其中安徽省为城市步行和自行车交通系统建设示范省。力求到 2015 年，全国范围内建成 100 个左右城市（区）步行和自行车交通系统示范项目，使得城市出行中步行和自行车出行分担比例逐步提高，力争在现有基础上提高 5% ～ 10%。

在示范项目建设中各个城市积极参与，依据城市总体规划和城市交通体系规划编制或修订步行和自行车系统专项规划，并且与城市轨道交通、公共交通、停车设施等专项规划相衔接。重点落实和细化城市步行和自行车交通系统的发展政策和设施布局，结合城市地形地貌、自然条件和城市交通发展实际等，合理规划步行道、自行车道及停车设施，并提出近期建设方案。同时，建成具有一定规模的城市（区）步行和自行车交通系统示范区域。通过实践建设各个城市都积累了步行系统建设经验，并通过吸取前两批的示范项目中的经验教训，建设了更多更广泛的优秀步行交通体系项目，取得了一定程度的良好成效。

7.1.1 城市步行和自行车交通系统规划设计导则

住房和城乡建设部于2013年年末下发了《城市步行和自行车交通系统规划设计导则》，对我国的步行系统规划设计提出了指导性意见。

重点提出了城市步行系统建设中的安全性、连续性、方便性、舒适性四个基本规划设计原则，并且也提出了4个需要重视的方面：应着重处理好步行与公共的衔接，市政设施管线结合绿化带不得影响行人，公共服务设施结合沿线区域的需求设置、并考虑与周边建筑已有服务设施整合，行人流量较大的区域应适当提高步行设施标准。

针对步行系统规划，提出了一般规定、步行分区、步行道路分级、过街设施布局、立体步行系统等的规划原则。针对步行道规划，提出了步行道横断面设计、步行道宽度、步行专用路，步行过街设施、交叉口转角空间的规划设计要求。针对步行环境，提出了路面铺装、街道家具、绿化、指示标识、街道界面等方面的规划设计要求。最后提出了步行与公共交通的结合、步行与机动车交通的协调、无障碍设施、步行助动设施的规划要求。

此外对山地城市及《建筑气候区划标准》（GB 50178—93）中的严寒地区城市做出了一定的步行、自行车交通系统规划设计要求。

7.1.2 结合城市地方特征的交通规划

城市步行系统是城市道路交通系统的重要组成部分，作为步行交通的载体，步行系统布局的合理与否直接关系到交通流的通畅、步行者的舒适程度以及周边地区的使用状况等。由传统的“以车为本”向“以人为本”的城市道路交通设计理念转变，使得在城市混行交通中处于相对弱势的步行者群体，越来越受到各方面的重视。“以人为本”的步行空间，逐渐被城市建设者所关注。本文将结合重庆的山地城市步行系统规划建设、深圳市步行系统规划案例进行介绍。

一、重庆渝中半岛步行系统规划与实践

渝中半岛的传统城市肌理留下了丰富的街巷系统，步行交通至今仍是本地最主要的出行方式，步行出行方式占到了市民出行的50%左右。在重庆尤其是城市中心地区渝中区建设步行交通系统有得天独厚的优势：其一，传统城市肌理留下的丰富街巷系统；其二，丰富的高地变化的地形特征；其三，步行在重庆是符合市民传统生活习惯的出行方式；其四，多元的历史文化遗存增加了步行的吸引力。

而该地区现状是，上下半城高差大、联系不变，导致下半城发展落后，上半城交通压力集中，拥堵严重。近年来，城市建设向机动车倾斜导致机动车保有量的大幅度提升，在旧城改造使传统的步行出行方式和街巷空间被挤压，不断由机动车数量增长迫使机动车道路建设，而又反馈出更多机动车这样恶性循环的交通发展。使得步行在与机动车争夺城市空间资源的过程中日益退缩。

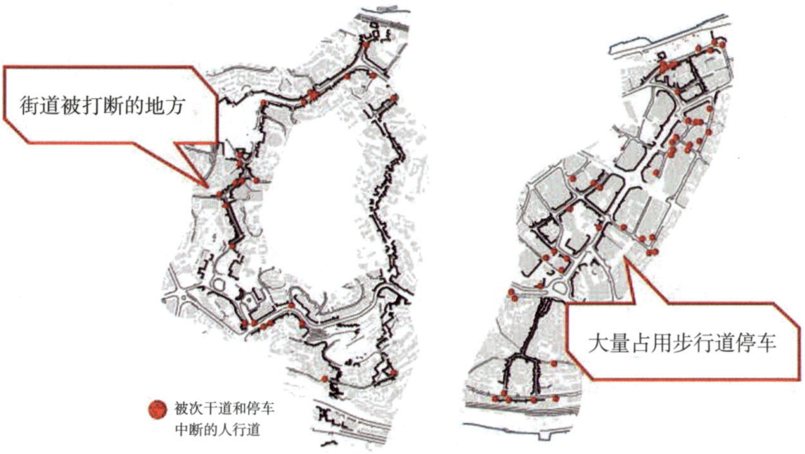

图 7–1　重庆市道路现存问题

诸多的问题包括：行人过街斑马线以栏杆终结，围栏挡住了人们想走的路，当行人交通灯失效时行人制造交通混乱，人行十字路口的长时间等候意味着许多人选择违章穿越马路。并且步行与公交和轨道接驳不足，公交“最后 100 米”问题突出。临江门站 B5 入口标志陈旧、设施损坏，入口电梯未开启，没有照明，环境较为黑暗陈旧。地下商业街通道夜晚的安全和照明问题突出。人行道上站满了等公共汽车的乘客，而且很难通行。

然而在这一地区的多元历史文化遗存是独一无二的，但缺乏通过山城步道提亮和整合。渝中半岛历史遗存数量较多，共有 96 处，商圈周围文物古迹数量也高达 33 处，是重庆众多商圈中绝无仅有。拥有全国第一条商业步行街，但区内整体步行环境品质参差不齐。座椅少、遮阴少、指示弱、街道界面较为消极、过街困难。调查发现，白天解放碑步行街 100% 的座椅坐满了人，而在观音桥总能找到空座；实地估算，观音桥商圈的座椅数量约为解放碑的 10 倍！解放碑步行街长 1000 米，乔木约 30 棵，平均间隔 33 米；观音桥步行街长 400 米，乔木约 70 棵，平均间隔 4 米。消极街道界面的比例高达 50%！

基于以上现状情况提出规划方案。

结合重庆主城区“山城”“江城”的城市特色，依托城市内重要的步行区域、生态公园和旅游景点，依山就势打造主城区步行系统，形成主城区特有的集山水、旅游、休闲健身等多种功能于一体的步行空间。

将有较强结构性和功能性的，能够保证行人连续、安全、舒适行走的步行通廊；作为周边区域内居民以步行交通方式出行的主要通道。中心区和居住区实行步行交通优先。

将布置有大量商业设施、能吸引较为集中的人流量、具有较强的人行需求和较为集中、密集、多元化要求的区域，打造成立体步行街区，主要以商业步行为中心的城市商业区为主。

围绕轨道站点，依托高密度的次支路网，将有多种交通方式聚集、高峰小时有较大人流量的步行区域打造成步行单元。

在坡度大地区建立与机动车交通系统分离的步行系统；人行设施应充分考虑残障人士的出行需求，重视无障碍慢行交通设施的建设。发行山城步行交通指南，改善步行标识。

2003 年渝中半岛城市形象设计“山城步道”共确定九条山城步道，并对走向、宽度、连接方式等控制要素提出了要求，如下图。

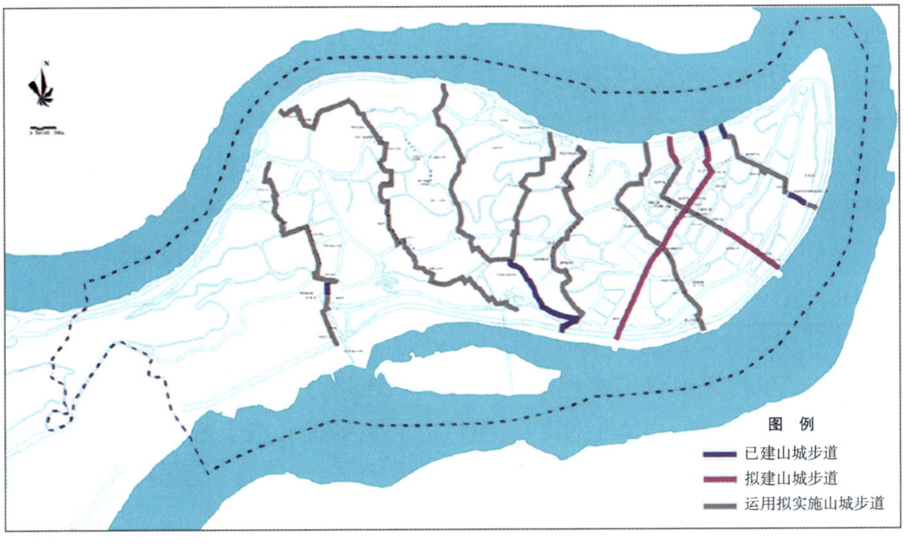

图 7–2　山城步道实施分布图

在 2010 年的规划中，构建渝中半岛“五横十二纵一环”步行网络，较 2003 版步道网方案增加了 6 条东西向步行道，增加南北向步行道 5 条，线型优化 1 条。

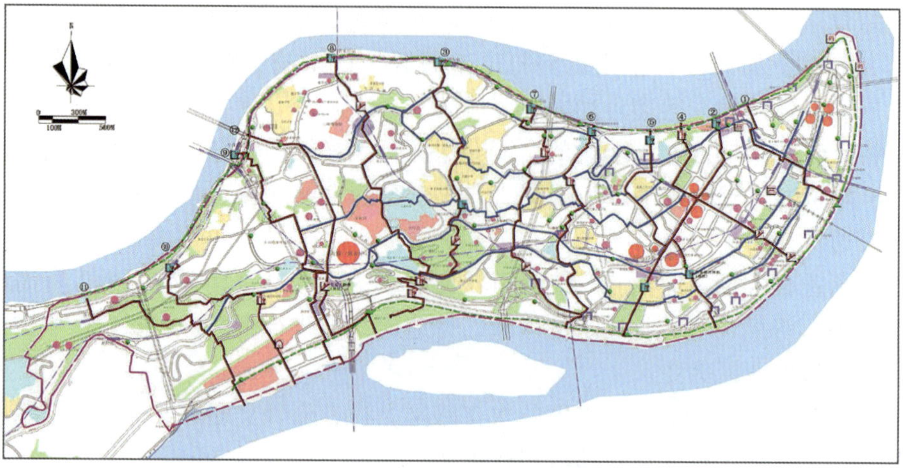

图 7–3　重庆渝中半岛步行网络规划图

规划重点在创建优质畅通的慢行网络、与水系联接、建造可识别的步行道、建造各具特色的公共空间节点、改善人行过街、增强弱势群体可达性、加强与公共交通联系、为区域性社区提供小型公共空间这 8 个方面。

（一）创建优质畅通的慢行网络

应大幅度减少市中心的停车位，来加强市中心的交通需求管理。保持市中心交通通畅，使得行人和自行车优先，尽可能减少市中心每个核心区域的交通量。停车管理应逐步减少街道两旁的停车。不建议增加额外的沿街停车位，这并不能解决未来停车的问题。考虑市中心的停车场仅提供少量的短时沿街停车，提高沿街停车的价格。尽可能增加开放空间，尽可能将停车赶出街道，减少市中心的交通量和速度。这样可以极大提升街道和开放空间的质量。改善现有停车设施质量。在市中心入口处修建新型的现代停车场，审核规划控制，通过控制新开发区域的停车指标来减少停车量。

（二）亲水设计办法

应沿河岸步行道提供河水与岸边之间的软连接，设置不同的亲水方式，还应提供不同的设计办法使得人们能够沿河行走、到水里、水上或水下。河岸边缘应开发成观景点、码头、园林景观、自然景观、阶梯、岛屿、浮桥、进口、运河、桥梁以及船只等等。

（三）创造可识别的步行道

为了让道路能够辨认、便于寻找、便于通行，路边设置统一的路标非常重要。铺砌、照明、长椅、垃圾桶和路标等为道路提供身份标识，使它们易于辨认。为了使得道路通畅，应该与整个都市人行路网联通。清晰设置路标不仅为游客，也为当地居民提供了道路指引，这在路口尤其重要。导航路标可以设置为一系列

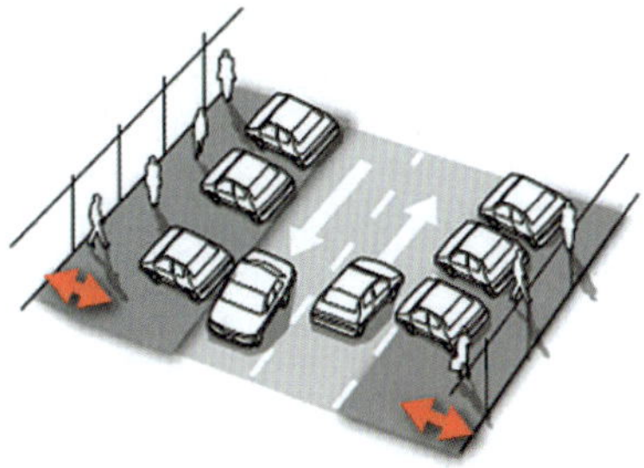

从以车辆为主的街道……

……到行人优先的街道

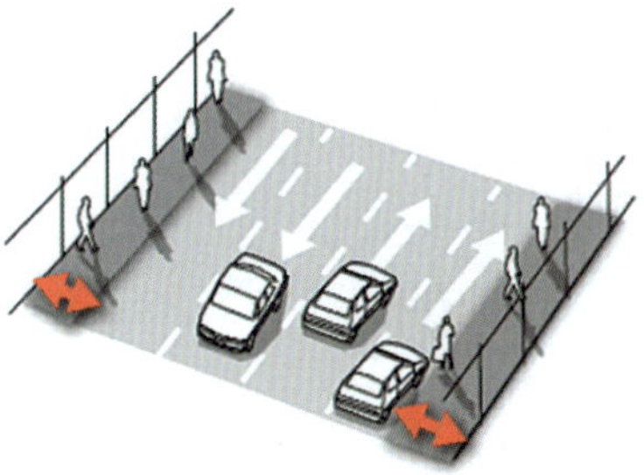

从狭窄而单调的人行道……

……到宽阔且有口袋空间的人行道，空地上是休闲座椅、休息区和遮阴绿树。

图 7–4　重庆市步行道路规划控制示意图

的地图，但是最好的方案就是自然地把路标融入路线的设计中，如详细说明、清晰的大门以及连接人行道等。

（四）创建独特的场所

沿着步行道，不同的空间节点需要各自独特的特点，人们走在大街上才会有更加丰富的体验。不同类型的活动应该有不同的空间，这样人们才能在公共区域内停留、尽情娱乐。公共空间与公共生活调研发现中国的一大特色就是体育锻炼通常是在清晨或傍晚进行。公共场所的设计应考虑这一情况，确保人们可以畅通进入各种场所进行锻炼。这些场所应该能够容纳运动、舞蹈、音乐和游玩，为了实现这些功能，这些场所不能过度复杂。只需设计简单的公共广场，让人们可以坐在广场周边，观看各种活动。不同的使用人群需求不同，但是应该着重考虑孩子和老人。孩子们需要安全的游乐空间，家长应该便于照看，老年人需要阴凉的场所，方便他们聊天、观看别人。

（五）改善人行过街

调研发现重庆的许多人行过街路口设置得非常具有挑战性：等候时间长、绿灯时间短、找路困难、各种人行天桥和地下通道等，这些情况使得横穿马路既危险又困难。关注人行过街在提高重庆整体步行环境的质量上起着相当重要的作用。

只要有路横穿主街道，街道上都应设置人行过街，让行人安全便利地横穿马路，设置人行天桥只会让过马路更加困难，让人们违章横穿马路，更加危险。

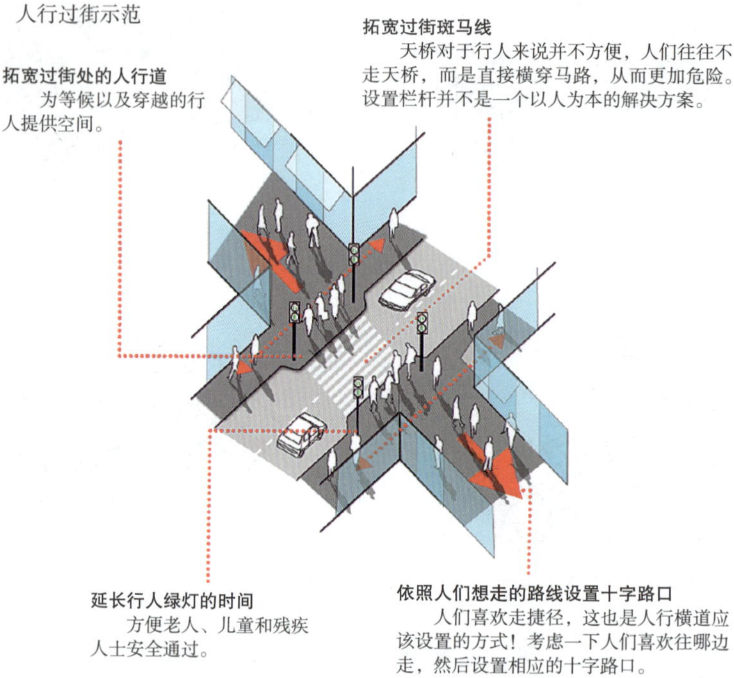

图 7–5　重庆市人行过街规划控制示意图

(六)增加弱势群体可达性

特别关注儿童、老人、盲人和坐轮椅的人，应对山地地形的挑战。在斜坡的地方设置电梯或机械升降机，注意铺砌路面的选材和路边的整体设计。

图 7–6　楼梯扶手设置示意图

（七）加强与公共交通的联系

设计优良的交通枢纽，将公交站点就近主要目的地设置，把它们整合到公共场所，从而使得交通和公共生活之间的配合作用最大化。不同交通工具的换乘应衔接，且站点之间的距离应最短。交通枢纽应清晰标识，给乘客指路，并且提供大量设施，如长椅、综合艺术品、充足的照明以及摊贩和文化活动的场所。

（八）为当地社区提供小型公共空间

英国"王子建筑环境基金"调查发现，根据个案研究验证，可持续城市对发展的最明显影响，就是土地开发强度的增加。因此能够有效地产出更多单元。也许更重要的是，可持续城市与以更传统的方式提高密度之间的不同之处在于明确了各地块开发的种类，允许大规模的扩张，创造容纳多种业态的、人们愿意居住的理想之地。

在当今房地产开发世界中，这一点尤为重要。因为土地的压力非常之大，这就意味着竞争激烈的开发商必须从每一块土地上尽可能地榨取最大价值。在主要开发区域的大地块上，同样面临过度供给的潜在问题。任何使存在业态类型多样化以及为潜在买家创造更高密度和有吸引力的场所的手段，对于土地开发的经济可行性都很重要。"类型和用途的多样化是分散市场风险和将潜在市场最大化的手段。"

调查发现重庆许多新开发的区域更倾向于大型化。尽管城市的某些功能需要大型的场所，但是不可否认小型的邻里空间才是日常生活的舞台。

二、深圳市步行交通规划

（一）规划背景

2011 年 10 月，住建部确定深圳为第二批"城市步行和自行车交通示范项目"城市之一，要求编制（或修编）全市步行交通专项规划及设计导则，提出指导促进城市步行交通系统规划建设的政策措施。此前深圳虽先后编制完成宝安、龙岗、盐田 3 个区的立体人行设施规划、《特区自行车及人行交通改善规划》《光明新区慢行交通专项规划》等，但在全市层面缺乏统筹性的专项规划，难以适应未来城市步行交通的发展要求，亟须编制全市步行交通系统专项规划，更好地指导深圳步行交通的规划建设。

（二）现状分析

总体而言，深圳步行交通系统建设较为完善。全市已建道路 90% 以上设置有人行道和有遮阳效果的行道树；南山商业文化中心区等地区建成示范性的全天候立体步行系统；基本建成由省立绿道、城市绿道和社区绿道组成的多层次绿道网；为约占全方式 50% 的步行出行提供了良好的设施基础。但是，步行交通系统规划建设仍存在着一些问题，主要有：

（1）步行交通的安全性有待进一步加强，如平面过街、公交站点、街道转角、人非共板道路等处的行人与机动车、自行车的冲突及安全隐患需逐一解除。

（2）步行网络便捷性尚需完善，表现为大部分轨道站点周边的步行网络密度未达到《深圳市城市规划标准与准则》要求，部分高等级道路的立体过街设施间距长、绕行远、联系少。

（3）各类步行设施舒适度有待提升，如低等级道路人行道宽度普遍较窄，旧居住区违章停车、占道经营等挤占步行空间严重，立体过街设施大多缺乏遮阳避雨设施，行人专用区和步行街区缺乏等。

三、规划目标

倡导比例适宜的步行出行，构建与公共交通设施无缝衔接、与公共开放空间连续贯通、适应深圳城市及气候特点、舒适宜人的步行交通系统，提高步行交通安全，塑造友好步行环境，营造多样步行场所，促进深圳城市持续发展。

四、规划方案

（一）步行分区布局规划

根据不同类型步行活动特征及其对设施需求特点，将全市城市建设和非建设区域划分为生态休闲步行区域、都市生活步行区域两大类；前者主要承担休闲步行活动，后者主要汇集通勤和休闲两类步行活动。

依据步行交通聚集度、交通设施条件、地区功能定位及其对外吸引力等因素，都市生活步行区域又划分为核心步行片区、重要步行片区和一般步行片区。其中，核心步行片区主要包括重要轨道站点500米覆盖范围、步行活动密集程度高和常规公交便捷可达的城市重要公共活动中心，以及具有特色景观资源的区

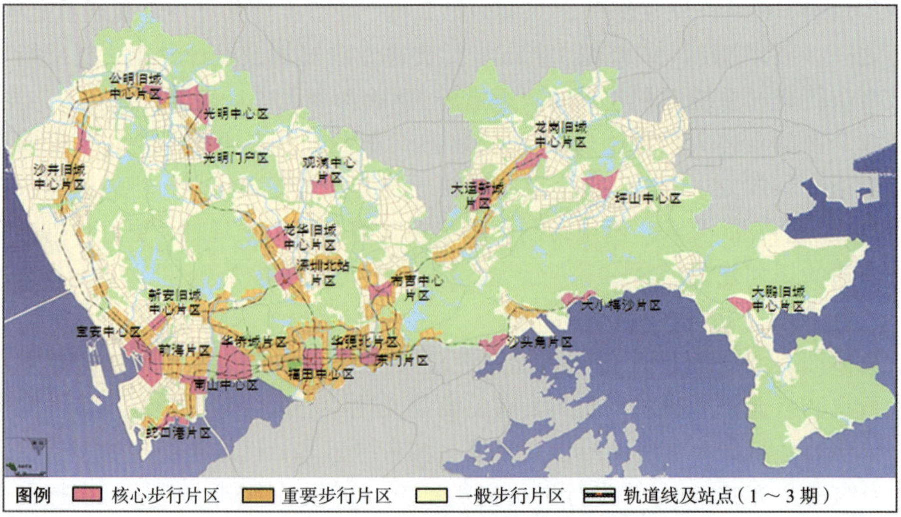

图7–7 步行片区规划布局图

域，旨在塑造成为具有国际水平的友好步行体验示范区；重点步行片区主要包括除核心步行片区以外的轨道站点500米覆盖范围和步行活动密集程度较高的区域，须以轨道站点为核心、通过建立高效连通和多功能化的全天候立体步行系统，引导“步行＋轨道”出行模式的形成；一般步行片区是市民日常生活的主要区域，须结合不同类型步行活动的特点，重点保障步行网络的安全性和便捷性。

（二）地面步行路径规划

1. 步行路径分级

根据步行路径的空间分布特征、设施特点和功能定位，以步行需求为导向，将全市地面步行路径划分为四类：步行通廊、片区主通道、街区步行路、地块连通径；各级城市步行路径规划应遵循功能明确、层次清晰、分区发展、密度适宜、以人为本、无缝接驳的原则。

步行通廊：主要沿自然景观资源、道路两侧用地空间和防护绿带设置，承担锻炼、观光等休闲步行活动。

片区主通道：主要沿主、次干路两侧道路用地空间和公共开放空间设置，连接城市主要公共活动中心、步行出行密集地区、自然景观资源和居住密集区域，汇集各类步行交通，承担步行与公共交通系统的接驳。

街区步行路：主要沿生活性次干路和支路两侧道路用地空间和公共开放空间设置，连接都市生活步行区域内各类建设用地，将行人导向片区主通道。

地块连通径：贯穿各类地块内部或相邻地块之间设置，向公众开放，是专为行人设置用于避免行人绕行到达目的地的步行捷径。

1. 步行通廊规划

遵循生态廊道连通原则，依据绿道网专项规划，结合已建和在建绿道情况、

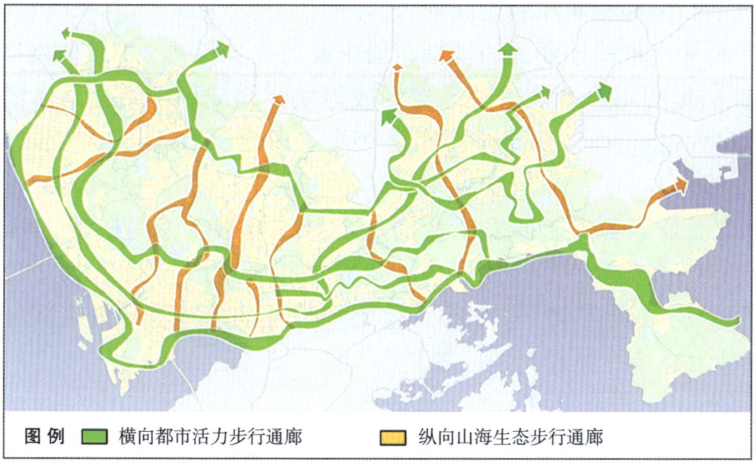

图 7–8　深圳市城市步行通廊总体布局结构示意图

步行通廊步行交通功能的布局需求，全市规划形成“六横十纵”布局结构、串联都市生活步行区域内各城市功能组团和生态休闲步行区域的城市步行通廊网络，总长度约 786 公里。

3. 片区主通道规划

基于片区主通道的功能定位及步行活动特征，结合各片区规划定位和用地功能布局，以完善步行交通与轨道 / 公交的便捷接驳为首要目标，提出全市各行政区的片区主通道规划布局方案，全市合计 241 条、781 公里。以罗湖区为例，片区主通道的规划方案如图 7–9 所示。

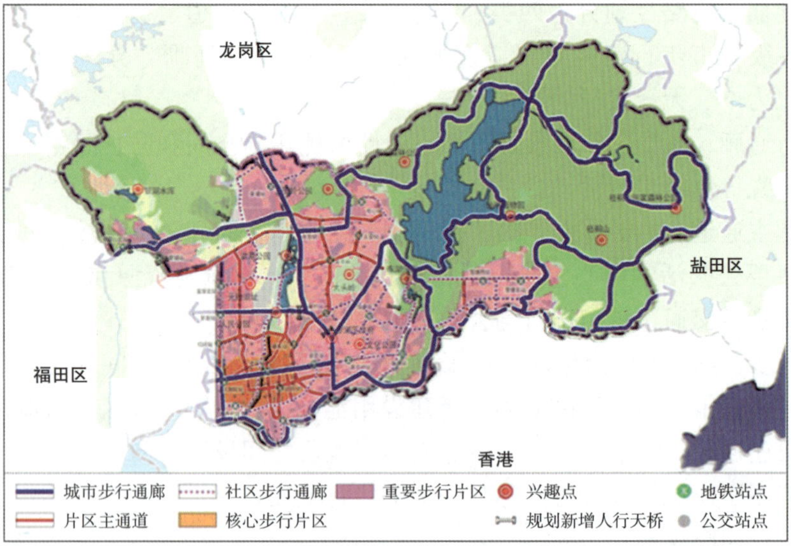

图 7–9　罗湖区步行网络规划布局示意图

4. 街区步行路和地块连通径规划

街区步行路和地块连通径的规划布局主要通过步行网络的整体网络密度进行控制，并在法定图则、下层次交通规划或地块详细规划中结合具体情况进行落实。在都市生活步行区域内，步行网络密度不得低于 10km/km^2，步行路径间距不宜大于 250m。其中，居住功能主导片区密度不得低于 12km/km^2，间距不宜大于 200m，商业服务业、研发产业功能主导片区密度不得低于 22km/km^2，间距不宜大于 100m。核心步行片区内，步行网络密度应控制在 14 ～ 28km/km^2，步行路径间距应控制在 75 ～ 150m。重要步行片区内，步行网络密度宜设计为 12 ～ 22km/km^2，步行路径间距应控制在 100 ～ 200m。

（三）步行过街设施规划

除各类步行路径外，步行过街设施是步行交通网络的重要组成部分。综合考虑行人过街便捷性、安全性和投资经济性，高速公路和快速路，必须设置立体过

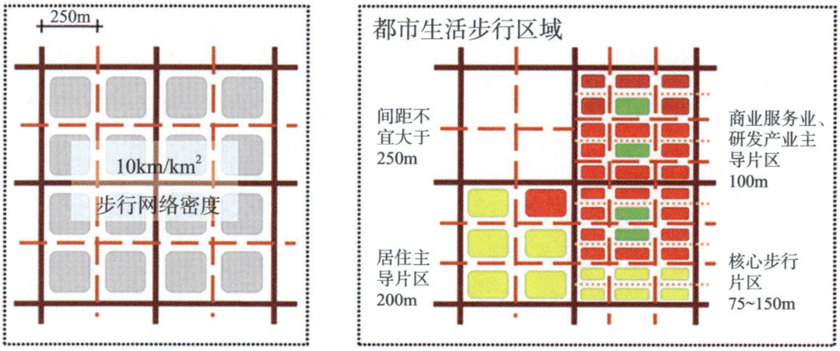

图 7–10　步行网络密度示意图步行路径间距示意图

街设施解行人过街问题；其他等级城市道路在保障安全的前提下，宜采用平面过街形式。

步行过街设施设置间距应结合步行出行强度、步行路径功能、周边用地类型和开发强度 / 行人流量等因素综合考虑。对穿过都市生活步行区域的城市快速路，每隔 300 ～ 400m 应设置一处人行天桥或人行地道，其他路段设置间距最低取值详见表 7–1。

表 7–1　步行过街设施设置间距一览表（单位：米）

用地功能 / 路径等级	商业、办公、公服设施、大型交通设施、公园绿地、广场	居住（密度一、二区）、新型产业类用地	居住（密度三～五区）、普通工业、其他
步行通廊	≤ 250	≤ 300	≤ 300
片区主通道	≤ 150	≤ 200	≤ 250
街区步行路	≤ 100	≤ 150	≤ 200

注：相关密度分区参考《深圳市城市规划标准与准则》。

基于既有立体过街设施规划，结合道路网络等级、用地类型和步行出行强度分析等，规划在全市布设立体过街设施 848 座，其中规划新建 451 座、现状改建 174 座，如图 7–11 所示。

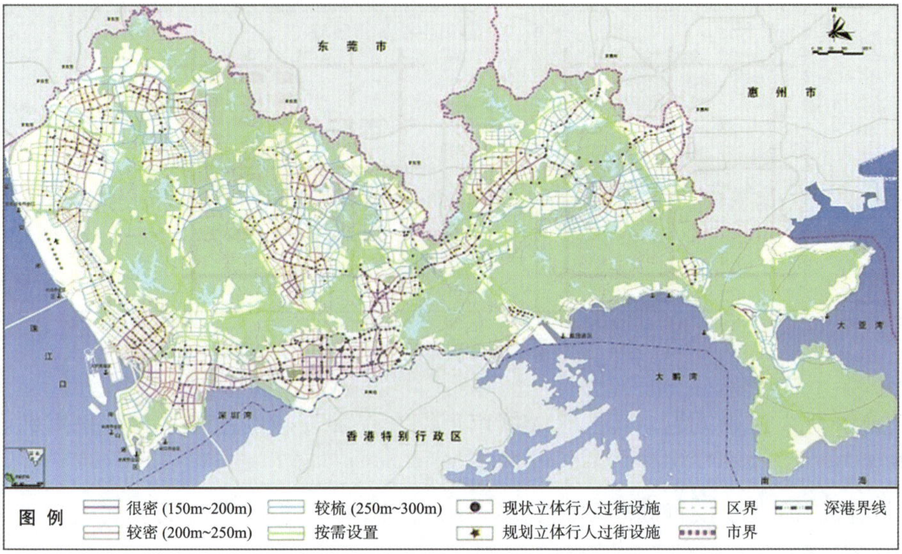

图 7–11 主要道路过街设施规划指引图

7.2 自行车交通

中国是自行车王国。

自行车在中国作为交通工具经历了辉煌的发展历程，中国也一度成为“自行车王国”，许多大城市几乎人人都有自行车。而今，自行车也仍然作为我国许多城市近距离客运交通的重要组成部分。直到 2000 年，许多城市自行车出行比例仍然很高，如 2000 年石家庄市人口为 214 万人，自行车出行比例达到 55.75%；人口为 640 万的天津，自行车出行比例达 52.73%。然而，一段时间以来，由于认识上的偏差，许多城市对自行车采取限制措施，导致自行车出行比例下滑，城市交通环境日益恶化。近年来，中国城市开始重新认识到自行车交通的价值，积极鼓励发展自行车交通。

当前，非机动交通是城市越来越重要的交通模式，其中，自行车交通当之无愧地成为重要的组成部分。随着城市的不断发展，认识的不断深入，自行车交通越来越受到重视，许多城市编制了自行车交通专项规划，并大力建设公共自行车系统。

7.2.1 武汉自行车交通规划

一、规划背景

2009 年是武汉在“两型社会建设综合配套改革试验”取得重大突破的一年。

在2008年通过的《武汉市资源节约型和环境友好型社会建设综合配套改革试验实施方案》和《三年行动计划》(2008—2010年)中，明确要求研究实施“公共自行车租赁服务”，引导市民多使用自行车出行，倡导绿色交通。武汉市是“两型社会”改革试验区，大力推进绿色、环保的自行车系统不仅符合“两型社会”的建设要求，同时对于缓解城市交通压力，解决居民短距离出行不便的问题都有十分积极的意义。阮成发市长在全市争创“全国社会治安综合治理优秀市”动员大会上首次提出全市要探索用“绿色出行”来支持武汉市节能减排、循环经济建设工作，要探索用公共自行车免费租赁工作带动全市人民对循环经济重要性的认识。

根据武汉市2009年度城乡规划编制计划，武汉市规划局组织了同济大学、市交通院和市规划院共同编制《武汉市主城区自行车系统规划》。本次规划遵循“系统性、整体性、灵活性、可实施性”的原则，全面研究梳理、优化调整主城区自行车交通系统，与轨道交通、BRT、常规公交一起构成多层次、全方位、立体化的公共交通体系。同时，结合自行车出行特征和需求，选择“公交、公建、居住、游憩、校园”五类地区布设免费自行车租赁点，倡导绿色、健康、环保、可持续的交通发展理念，服务武汉市“两型”社会建设。

截至目前，该《规划》已实施推进了四年，取得了阶段性的成果，也面临新的问题和挑战。

二、现状问题分析

(一)机非混行使道路通行效率下降

近年来，随着城市的快速发展，机动车保有量迅速增加，但由于道路设施建设的相对滞后，导致许多道路还处于机非混行的状况。在路段上，当机动车与自行车交通量均较大时，经常出现机动车在自行车道上频繁停靠，而自行车也经常越线占用机动车道行驶的情况，这在很大程度上降低了道路的通行效率；在交叉口，交通高峰时段排队的机动车和自行车争先抢行、相互干扰的情况也很严重，不仅造成交叉口交通秩序混乱，同时也严重影响了交叉口的通行效率。

机动车与非机动车的混合交通是我国城市交通的主要特征，尤其机动车与自行车的混合交通最为普遍，在平原城市这一特征更为明显。交通统计数据表明，我国一般大城市自行车出行量占总量的35%～55%，中等城市占45%～65%。自行车是城市居民近距离出行的主要交通工具，在相当长时间内不会被淘汰。2010年武汉市对未来居民的出行方式进行预测，见表7–2。可见，在今后的一段时间内，混合交通流的现象仍继续存在，只是公共交通比例有明显上升，自行车等非机动车出行方式逐渐下降，轨道交通方式在公交中比例逐步增大，私人小汽车开始占据一定的比例。但我国城市的道路网密度较小，没有足够的道路或足够宽的街道供小汽车停放与行驶，由于我国的经济发展不平衡，人口数量大，即使将来经济得到更大的发展，我国国情也不允许大量私人小汽车的出现，这种状况不可能在几十年内发生根本变化，在相当长的时间内非机动车仍然是我国城市居民的主要出行工具。因此，混合交通是我国城市交通的主要特点，而且我国城市交通中混合交通的现象将持续相当长的一段时间。

表 7–2 武汉市未来居民车辆出行方式构成预测

单位：%

出行方式	年度	
	2010	2050
自行车	27.2	20.3
公交车	44.7	41.1
地铁、轻轨	12.1	19.7
单位及私人小汽车	13.4	16.2
出租车	2.6	2.7

资料来源：《武汉市交通发展研究报告（2010）》

（二）安全性差，交通安全隐患严重

由于自行车交通方式安全性较差，而且自行车骑行者的交通遵章意识不强，因而机动车与自行车间容易发生交通事故。以交叉口为例，在没有特殊交通管理措施的情况下，当红灯时间过长时，经常出现机动车和自行车抢行，双方互不相让，堵塞交叉口的尴尬局面，这不仅造成交叉口通行能力的严重下降，而且带来很大的安全隐患。而在机动车与自行车发生交通事故后，往往受伤害最大的是自行车骑行者。

（三）自行车停车设施严重短缺

我国城市自行车交通当前还面临着停车难的问题。自行车占路停车挤占大量机动车道等现象严重影响了道路交通功能的正常发挥，致使交通拥挤阻塞现象频繁发生。上述交通现象的解决应该从不同方面着手。可以通过长期的严格管理和积极的宣传教育来加强市民的遵章意识；另外，需要交通规划设计者和交通管理者为各种交通方式提供应有的交通设施，保证道路交通的连续、畅通；有效的交通管理方法也是解决自行车交通问题的必备手段，这只能通过对自行车交通流特性的深刻认识来寻找解决方案。

三、自行车系统规划

据规划，拟在主城区形成“30 条廊道、92 条通道、16 条休闲道”的自行车道总体布局网络。其中，自行车廊道为 15 纵、15 横，总长 275.6 公里；自行车通道总长 366.1 公里，自行车休闲道总长 210.7 公里。

自行车廊道是自行车交通主通道，结合自行车流量大的路段设置，享有独立路权，与机动车道实施分隔，单侧宽度不小于 3m；自行车通道结合自行车流量较小的路段设置，与机动车道画线或使用隔离栏分隔，单侧宽度不小于 2m；自行车休闲道主要结合公园、景区布设，供市民休闲、健身用。

根据规划，武昌地区将设 5 纵 8 横自行车廊道，汉阳地区设置 4 纵 4 横，汉口地区设置 6 纵 3 横。具体设置自行车道的路名如下：

武昌地区：建八路—工业四路；工业大道；园林路；铁机路；秦园路—黄鹂路；粮道街—中南二路—八一路；机场三路—新庄路—新竹路；白沙二路—南湖大道；和平大道—复兴大道—武金堤路—江国路—青菱东路；沙湖大道—沙湖路—武珞六路—静安路—平安路；卓刀泉路—卓刀泉南路；民族大道；光谷大道。

汉阳地区：郭顶山东路；玉龙路—龙阳湖东路；赫山路—芳草路—车城东路；马沧湖路—连通港路；汉阳大道；墨水湖南路；四新南路；沌阳大道。

汉口地区：江发路—幸福大道；南泥湾大道—汉西二路—建设大道及延长线；京汉大道—头道街—解放大道下延线—游湖一路；古田二路—郭顶山东路（汉阳）；古田四路—玉龙路（汉阳）；新华路—多福路；塔子湖东路—解放公园路；二七路；百步亭路。

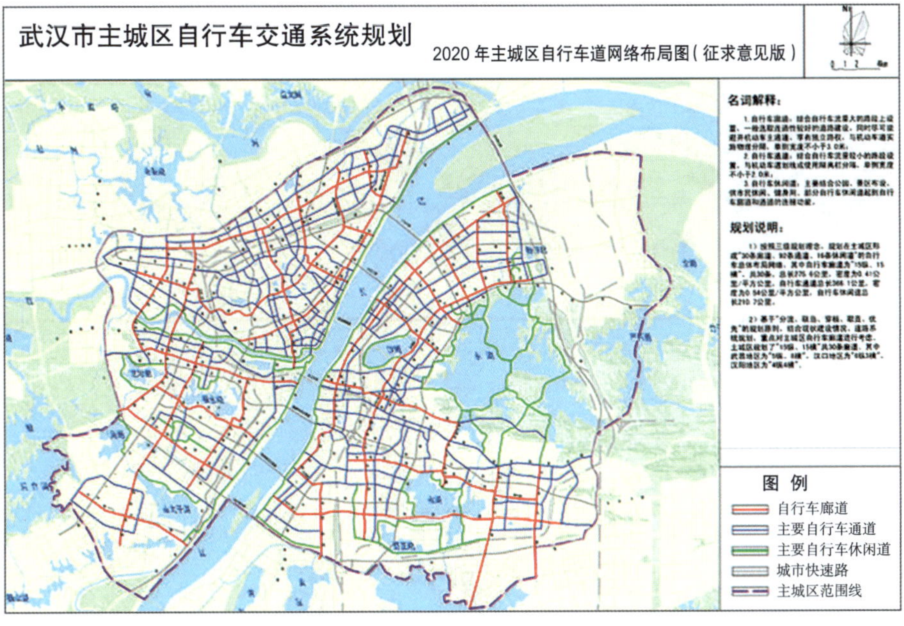

图 7–12　武汉主城区自行车交通系统规划

资料来源：《武汉市综合交通规划》，武汉市交通院

四、公共自行车交通发展评价

公共自行车即公用的自行车，十七大后党中央号召构建“两型社会”，城市交通与资源及环境有着密切联系，很多城市已经推出公共自行车系统。对于该系统目前没有确切的定义，但基本含义如下：政府或组织在大型居住区、商业中心、交通枢纽、旅游景点等客流集聚地设置公共自行车租车站，随时为不同人群提供适于骑行的公共自行车，并根据使用时间的长短征收一定额度费用，以该服务系统和配套的自行车路网为载体，提供公共自行车出行服务的城市交通系统。

应用和推广城市自行车系统，充分发挥其综合优势，对改善城市居民的出行状况，减缓城市交通拥挤，促进城市交通可持续发展有着十分重要的作用和意义。

武汉公共自行车是在中国武汉市运营的公共自行车系统，目前由鑫飞达公司运营；系统始建于 2009 年，现有自行车 10 万辆，规模全球最大，系统排名世界第 3 位。

2009 年 4 月 28 日，武汉市首个公共免费自行车站点在洪山区路狮路启用。5 月 1 日，在全市铺开。当时，全市仅 66 个租车站点，1000 多辆免费自行车，最初每天只有几千人租车。而至目前，站点总数超 1000 个，自行车 5 万辆，租车卡用户达 100 万户，市民可免费借用自行车时间为 2 小时，超出部分要计价收费，平均每天租车者近 20 万人次。

图 7–13　武汉市公共自行车站点分布图

资料来源：作者根据网络资料自绘

据鑫飞达集团统计，2009—2012年，累计有8000万人次享受了免费自行车带来的交通便利。政府和企业共建的武汉市便民自行车服务系统，被誉为“武汉模式”，受到全国关注。

（一）公共自行车推广的必要性

1. 乘车并不方便

武汉城市环境一直饱受人们争议，随着武汉地铁的修建，武汉的交通系统问题暴露出严重的问题：到处在修路，随处可见交通拥堵，不仅大路拥堵，而且小巷也时常发生拥堵。由此导致本来走路半小时的路程，开车需要一个多小时，在堵车构成中车与车之间发生小摩擦，堵车也会影响人们的心情。

2. 城市交通压力越来越大

从2000年开始，武汉机动车拥有量开始快速增长：2002年突破50万辆，2006年突破70万辆，2010年突破100万辆，平均每月增加近万辆。机动车的增长主要来自于小汽车，其中，私人小汽车保持以平均每年20%的速度增长。

3. 汽车资源耗费重，环境在恶化

随着机动车辆的不断增加，城市环境在进一步恶化。统计数据显示，目前，我国交通能耗已占全社会总能耗的20%，如不加以控制，将达到总能耗的30%，超过工业能耗。据预测，2020年中国的交通能耗占能源消耗的比例将高达16.3%～17.1%，原油消耗超过50%。还有城市的噪声80%来自汽车，城市空气污染越来越严重。

图7–14　武汉市交通拥堵现状

资料来源：来自网络

4. 骑自行车节能环保，方便又健康

自行车因其便利、经济、耐用、可达性好、节能、强身健体及无污染等特点，长期以来作为广大居民出行的主要工具。骑自行车有如下优势：①不存在大气和噪声污染，可为居民和旅游者提供便捷的绿色出行方式，骑车还有助于强身健体；②与公共汽车相比，自行车具有体量小、操作灵活、可达性好和投资少的特点，可作为轨道交通接驳的辅助性工具，最大限度地促进各种交通资源的合理利用，满足居民多层次的短距离出行以及不同出行目的的交通需求，便捷、高效地集散客流，提高城市交通的整体效率。

（二）公共自行车运营方式

1. 租车方式

将租车诚信卡交给站点管理员刷卡、登记，在站点管理员刷完卡后，接过管理员递交的租车卡和车钥匙后根据钥匙牌上的号码，找到同样编号的自行车，检查自行车无外观损坏，无任何故障，且车胎气充足，方可骑行。

2. 还车方式

将所租借的自行车推入自行车棚，锁好，并将钥匙拔出，与租车卡一并交给管理员刷卡，管理员刷完卡并登记后，对车辆进行核查，无外观破损及故障，方可离开。如在管理员检查后，发现车辆有外观破损或故障，对此租车人必须承担相应责任，按照规定价格赔偿。

3. 智能还车方式

自2010年6月份起武汉公共自行车站点开始启用智能柜租还系统，智能柜有一台30英寸电视大小，其功能和超市外的寄存柜相似。租车时，将租车卡在智能柜的刷卡处刷一下，弹开一个柜门，柜中有把钥匙，可以取车骑行。还车时，先将车锁好，将钥匙刷一下，打开一个柜门，放入钥匙，关上柜门，然后再刷一下卡，确认完成还车。

（三）公共自行车系统实施效果分析

基于针对2009年10月和2010年3月完成的相关研究表明，武汉市公共自行车系统具备以下特征：

1. 使用效率

根据对7个样本站点一周之内借还总量的统计分析，2009年10月，平均每天的借还总量约368次；2010年3月，平均每天的借还总量约740次（图7–15）。按每天运作14小时计算（站点工作时间为每天7:00～21:00），2009年10月每小时使用车辆为13辆，由于7个站点的自行车规模总量为160辆，平均每小时闲置的自行车达到147辆。2010年3月每小时使用车辆为26辆，自行车规模总量为210辆，则平均每小时闲置的自行车为184辆，闲置率达87%。从图中可以看出，公共自行车使用效率半年内提升了一倍，说明车辆数的增加和站点布设密度的加大在一定程度上提高了公共自行车的使用率。但是公共自行车过高的闲置率仍待改善。

2. 使用人群和使用时间

根据问卷调查，公共自行车使用者78%为20～30岁，11%为30～40岁，仅有7%为50～60岁，其中20～40岁的人群81%为公司员工。此外，根据站点借还记录登记表的详细数据统计分析，发现所有站点中办公型站点的使用者

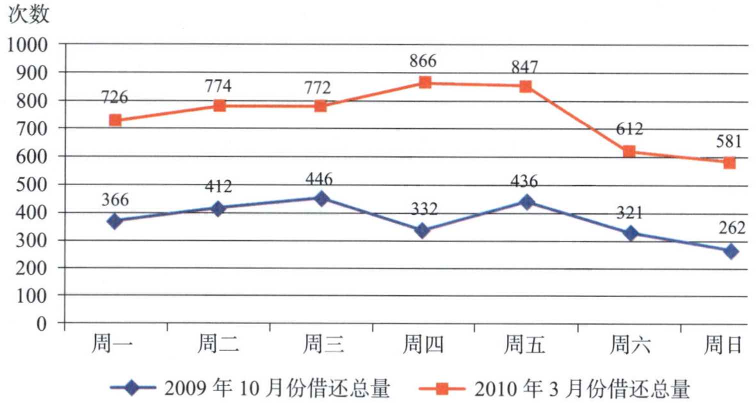

图 7–15 抽样站点一周使用情况

资料来源：来自《武汉市公共自行车研究》戴菲，刘婕等

总量最多（图 7–16）。由此可见，目前公共自行车使用者比较单一，主要是上下班工作人群。

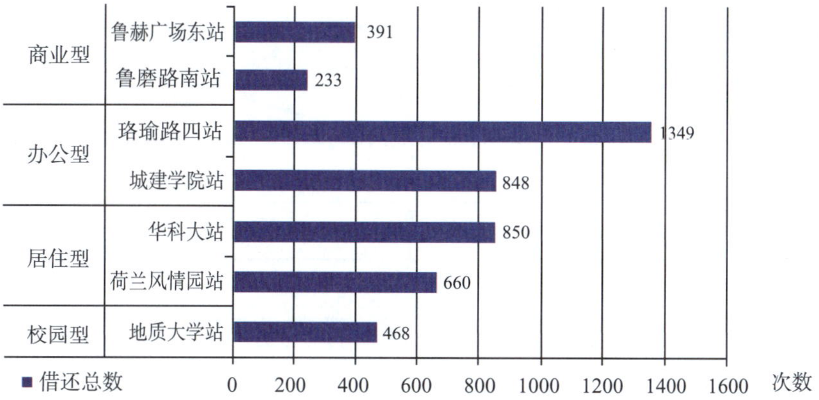

图 7–16 各站点一周使用总量

资料来源：来自《武汉市公共自行车研究》戴菲，刘婕等

从使用时间分析，工作日使用量远大于休息日使用量（图 7–17），工作时间公共自行车的使用量远大于游憩、娱乐和购物时间。随着使用量的增加，从 2010 年 3 月平均每日不同时段的使用量统计（图 7–18）可以较明显地观察出，借还高峰主要集中在早上上班（7:00 ～ 9:00）和傍晚的下班时间（17:00 ～ 19:00），其他时间使用量相对较少。

（四）公共自行车系统现状问题

1. 维护和维修费用较高

武汉的大街小巷，每天 18 万人次享受着公共自行车带来的便利。而与此同

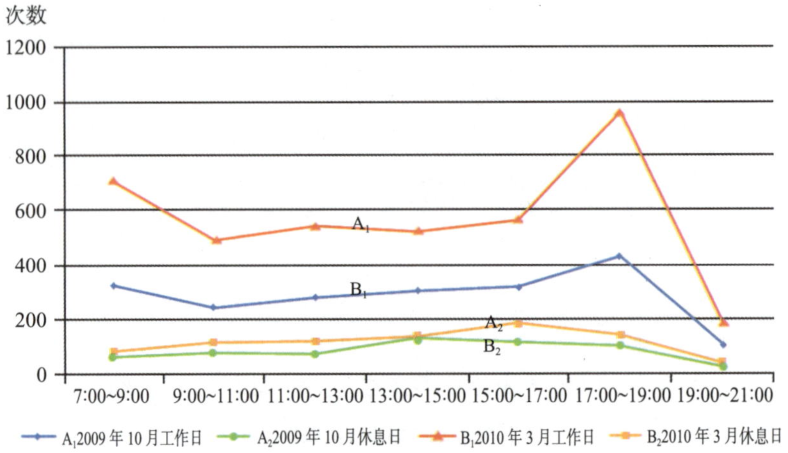

图 7–17　工作日和休息日使用总量对比

资料来源：来自《武汉市公共自行车研究》戴菲，刘婕等

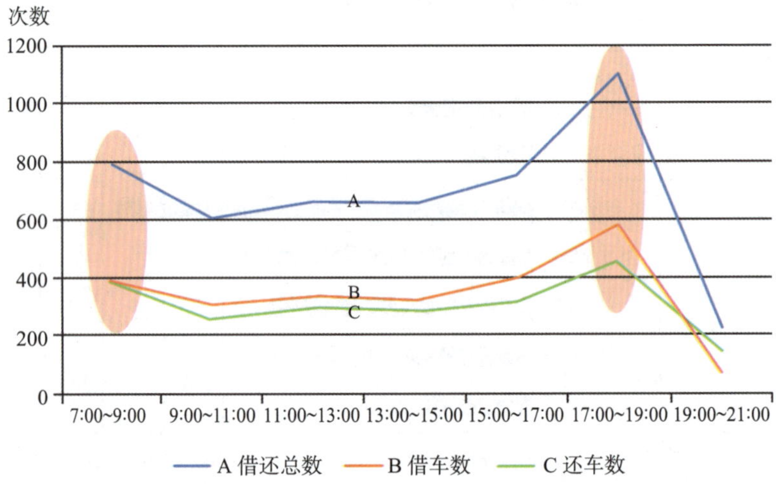

图 7–18　2010 年 3 月使用量日均变化

资料来源：来自《武汉市公共自行车研究》戴菲，刘婕等

时，这些自行车的“健康状况”越来越不容乐观，全市3万辆车每周要修5000辆。

运营方之一鑫飞达公司的统计显示，自 2009 年 5 月 1 日公共自行车在武汉全面铺开以来，在该公司运营范围内，站亭被砸被烧 179 起、车胎被人为扎破 320 个。

不仅如此，经常看到公共自行车踏板破裂、频繁掉链、座板丢失，甚至车胎被扎，站亭被砸被烧最恶劣的一次破坏事件，是位于大兴路小学站的 48 辆公共自行车曾一夜全部遭到破坏，后轮胎均被人用利器割开大豁口，站牌的两个钢脚被切割机切断，站亭的多块玻璃也被砸碎，损失达 2.5 万元左右。

2. 站点分布不够合理

目前武汉市公共自行车服务站点主要是依据公交系统展开，所以自行车站点一般都在公交车站附近，而在很多大型社区门口附近却见不到公共自行车服务点。如武昌这边金地格林、大华社区、明泽半岛等社区门口就没有，或者站点离社区口较远。

3. 自行车道建设和维护不够

武汉城市机非完全分离的自行车专用道较少，部分道路机非混行现象严重。随着机动车不断增多，非机动车道被越挤越窄，且机动车违章占道现象时有发生，不但降低了道路通行能力，也带来安全隐患。另外，骑车者要被动吸入汽车尾气，忍受发动机噪声。目前武汉除少数主干道有自行车道外，很多道路都没有自行车道。

目前，武汉市已经开始在主城区建设自行车专用道，并形成了一定的规模。

图 7–19　武汉市自行车专用道

资料来源：来自网络

4. 智能柜设置太多

设置智能柜的目的是减少人工服务劳动量，方便租车者 24 小时归还车辆。但实际情况是公共自行车服务人员工作时间为早上 7 点到晚上 8 点，这也是自行车正常租赁时间。从站点服务人员那里得知，晚上 9 点后还在骑或者推公共自行车的视为不正常行为，即可能会被视为小偷看待。那么系统原定的 24 小时服务功能就无法实现，造成智能柜的大量闲置。

7.3 电动自行车

电动自行车本身具有灵活、便捷、节能环保、价廉等出行的优势，随着中国城市的迅速扩张，居民出行距离越来越长，同时快捷可靠的公共交通体系建设进展缓慢，电动自行车重量较轻并拥有高效的传动装置，因此其比大多数机动交通工具都要高效。其每百公里消耗 1.8kW·h，效率是电动小汽车的 10 倍。因此电动自行车越来越成为出行的优先选择。

7.3.1 中国电动自行车的产业发展

1998 年之前，我国电动自行车保有量尚不到 10 万辆。自 2004 年《中华人民共和国道路交通安全法》将电动自行车确定为非机动车的合法车型后，中国电动自行车的发展进入了“井喷”时期。中国自行车行业协会的数据显示：截至 2013 年年底，电动自行车社会保有量为 1.81 亿辆；电动自行车总产量为 3695 万辆，同比增长 5.4%，其中规模以上企业累计完成产量 2528.7 万辆，为社会交通出行做出了突出贡献。截至 2013 年年底，仅北京市电动自行车的城乡保有量已达到 300 万辆，全市每年的电动自行车销售量为 70 万至 80 万辆。

2013 年，中国电动自行车行业逐步实现轻量化、锂电化、智能化，并不断提高锂电自行车的市场份额、电动自行车的出口比例。随着中国城市化进程的加快，电动自行车产业已经连续保持了 10 多年的高速增长，特别是近些年，年产销量都超过 3000 万辆，2013 年更是达到 3695 万辆，产值超过 1000 亿元人民币。

中国自行车协会理事长马中超称，即将出台的新国标技术条款对企业要求实际上是更严。例如，要求电动自行车强制安装不可拆卸的速度传感器，一旦时速超过 26 公里将自动断电，车速下降，这意味着一些跟不上技术要求的企业可能被淘汰。马中超表示，锂电化、轻量化和智能化是今后行业发展的方向，大力发展锂电自行车更是行业转型升级的首选。

7.3.2 中国电动自行车的使用状况

目前电动自行车已经成为许多人日常生活中不可缺少的交通工具，极大地减轻了城市交通的压力，大大方便了人们的出行。在许多城市电动自行车的出行比例已经超过了传统的自行车出行比例。以昆明市为例，截至 2012 年 12 月，昆明市电动自行车保有量为 110 万辆。来自于昆明市城市交通研究所的数据显示，2011 年，昆明市居民出行方式构成中，非机动车是除步行以外最主要的交通方式，占到总出行的 24.9%，其中电动自行车比重为 19.1%，已远远超过传统的普通自行车。大城市电动自行车的增长也十分明显。根据上海市 2009 年的第四次交通大调查，电动自行车的出行比例为 15.2%，超过传统自行车的出行比例 13.5%。2010 年的深圳市机动化出行方式中，电动自行车占其中的 4.9%，已经大于出租车的出行比例。

电动自行车具有较好的机动性和可达性，且使用成本较低。在上海、昆明和济南的可达性分析中发现，电动自行车的机动性和工作可达性都比公共汽车高很多倍。当把出行时间作为一种交通成本计算时，电动自行车几乎是效率最高的交通方式。

但是一直以来，对于电动自行车的使用存在争议。各地政府对其安全、环境污染、全生命周期能源消耗与排放等问题的质疑一直困扰其发展。尤其是对于安全性的考虑，因为电动自行车时速快，安全系数低，有关地方部门禁止其上路。电动自行车的安全问题主要体现为：超速行驶；逆向行驶；不按规定车道和导向行驶；不按交通信号灯指示行驶；超载行驶；占道停车等方面。

在电动自行车保有量迅猛增长的同时，由于缺乏有效管理，不遵守交通规则，所以造成的交通事故数逐年攀升。以宁波市为例，2012 年全市统计上报道路交通事故 3082 起，死亡 680 人。在非机动车方面，2012 年宁波市涉及电动自行车上报道路交通事故 1405 起，死亡 205 人。其中，电动自行车驾驶人死亡的就有 176 人，占交通事故总死亡人数的 27%。

电动自行车废旧电池的回收利用也是一大问题。目前市场上使用的电池类型主要有铅酸蓄电池、锂离子电池及镍氢电池等，其中铅酸电池对环境的影响最大。若这些废旧电池被随意丢弃不但严重污染土壤和水源，对空气、生态平衡造成破坏，还可能引发人群健康问题。因此尽快建立废旧电池回收网络，改良废旧电池处理技术并推进新型环保电池的研发是当下的重要任务。

综上所述，电动自行车由于具有较好的可达性和机动性以及低成本等特征，成为许多人日常生活中不可缺少的交通工具，但是也存在安全、环境污染、缺乏有效管理等问题。

7.3.3 中国各地电动自行车管理办法

随着电动自行车在使用过程中暴露出的上述问题，强化管理已成必然，这对维护道路交通秩序，保障道路交通安全和畅通具有重要意义。目前，我国已有许多城市根据《中华人民共和国道路交通安全法》等法律法规规定，结合各地道路交通实际，制定出了符合当地民情的电动车管理办法。

1999 年国标：规定电动自行车最高时速不大于 20 公里、整车重量不大于 40 公斤。2009 年国标：将设计时速超过 20 公里或车重超过 40 公斤的电动自行车定义为电动摩托车，列入机动车范畴。此标准引起强烈反弹，最后被“暂缓执行”。

现有技术条件下，“99 版标准”中有关整车质量（重量）的规定或将对产品安全性产生限制。试验样本普遍超重以及超重原因均表明，“电动自行车的整车质量（含电池）应不大于 40kg”已不符合行业的发展和产品安全要求的提升。新国标的出台已经到了刻不容缓的程度。

酝酿中的新国标：正在修订之中的新国标拟将行车时速提高到 26 公里，车重将提高到不能大于55公斤（不含电池重量）。

自2011年10月1日开始，广东对电动自行车等安装有动力装置的非机动车实行登记制。自2011年4月起，南京市对电动车集中上牌，无牌电动车上路要被扣车处罚；电动车转手须进行信息登记。2011年5月，深圳市公安局陆续发布电动自行车管理措施，禁止电动自行车在大部分区域和主要路段行驶，特殊行业电动自行车需申请核发专用标志后上路。自2012年1月1日起，天津市在全国率先实行非机动车的“实名制”销售。

2013年全国各地电动车政策频出，出台数量甚至高于历年总和。纵观全国，政策严厉程度总体呈现出“南重北轻”的态势：北方电动车上牌、实名制管理较多，而南方超标车限行、限售等政策则更加频繁。2013年云南、广东、贵州等地都对超标车施行了“禁售”政策，但从各地实行的结果上看，所谓“禁超”，并没有得到落实。除了“禁超”之外，局部地区的“限行”也是2013年电动车政策中颇为引人注目的一项内容，并且随着新国标的出台日期日益临近，电动车路权问题已经成为众多业内外人士所关注的焦点。

实践证明，在电动自行车迅猛的发展速度和覆盖率面前，简单的限制和禁止已经很难收到良好的效果，过于简单粗暴的一刀切甚至会带来种种反效果。关于电动自行车的管理问题，必须遵循以下三条原则：制定并执行严格的技术标准；电动自行车管理政策必须符合本地实际；制定电动自行车管理政策要尊重市民需求和利益。如此，才可以使得电动自行车对城市交通产生积极的影响。

关于电动自行车的问题，仅仅从交通管理的角度入手是不够的，还应该从交通规划、设计层面加以重视。在城市交通规划层面，虽然电动自行车在交通方式

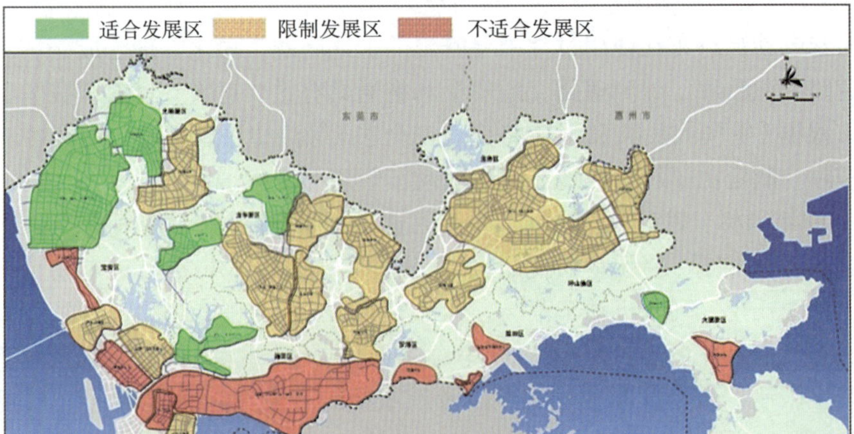

图7–20　深圳电动自行车分区发展策略

分类中属于非机动交通，但是大部分城市在开展综合交通规划时，在非机动交通专项规划中并没有专门对于电动自行车进行讨论；可以考虑为电动自行车划定适合发展区、限制发展区、不适合发展区，以深圳为例，如图 7–20 所示。在设计阶段，许多城市道路都采用“人非共板”的断面形式以提高小汽车的通行能力，但是这种断面形式给慢行交通带来了严重的安全问题。

综上所述，应当正视电动自行车使用迅速增长的现实，重新认识电动自行车的作用，尤其是替代小汽车使用的重要价值，采取更有效的措施保证电动自行车行业的健康发展。

第八章 停车规划与管理

8.0 引言

停车系统作为城市综合交通体系中的重要环节之一，其不仅仅是作为建筑车位供应的配套措施，而是发挥着调控城市动态交通、引导城市居民出行方式转变的重要作用。停车系统的合理供应以及对车辆出行需求的调控是城市交通规划、建设和管理中的重要组成部分之一。随着我国城市经济的持续稳定增长，进入21世纪以来机动车发展进入快增阶段，城市机动车拥有量每年都以两位数（万车）的速度增长，而且这一增长趋势仍然将持续5～10年，城市停车规划、建设和管理面临着巨大的挑战。

目前不仅是大城市，各大中小城市也逐渐出现了停车矛盾，“停车难”已经成为城市管理新的问题之一，引起了政府、媒体、百姓等各方面的关注。由于城市机动化发展速度迅猛，大部分城市的停车设施规划、建设和管理都处于滞后的状态，正处于停车设施规划调控城市土地利用、交通出行需求管理的转变历程中。目前国内城市停车系统正处于蓬勃发展的过程中，相关的停车规划、政策法规、规范标准的大量出台与实施，而且城市信息化、产业化的发展也处于起步发展阶段，国内城市的停车系统发展正处于转型的重要阶段。

8.1 城市停车政策

交通发展政策对停车供应及社会小客车的发展有重大的引导作用，随着城市停车问题逐步显现，各大城市也总结了城市停车政策的发展历程，希望对城市现状和未来的停车发展有积极推动作用，并出台了相关的停车政策，主要通过停车价格、鼓励公共停车场建设、配建指标调整、停车管理机制等各方面的政策推进各城市的停车规划、建设和管理工作。

8.1.1 停车管理政策发展

停车管理政策的制订是城市停车规划、建设和管理的重要保障，提高城市停车设施运营管理的水平首先要确定合理的城市停车管理机制，城市管理部门应及时出台并制定城市停车管理的机制与相关政策，把控停车管理的源头，实现统一的管理与执法，促进城市停车的规范有序。

一、上海市

上海市政府提出停车发展七大措施：1）加强停车设施专项规划编制，进一步完善本市“十二五”停车系统规划；2）加大停车设施配建力度，进一步增加居住、医院、学校等建筑停车配建指标；3）加大公共停车场（库）建设力度，研究制定公共停车设施规划建设用地供给、资金支持和政策扶持等保障机制及措施；4）科学合理设置道路停车点；5）着力缓解居住区停车难矛盾；6）完善停车收费管理机制，加强对道路停车的运行监管，进一步提高停车泊位利用率；提升停车行业管理和服务水平。

二、南京市

南京市也出台了《南京市停车场建设和管理办法》,《办法》明确，市城市管理行政主管部门是本市停车场管理的行政主管部门，所属的停车设施管理机构负责日常管理工作。区城市管理行政主管部门负责辖区内停车场的监督管理工作。同时提出推动停车发展的各项政策：

（一）建立城市公共停车信息系统

在停车诱导及停车信息化建设方面,《办法》中提到，市城市管理行政主管部门会同市公安机关交通管理等行政主管部门组织建立城市公共停车信息系统，通过网站、停车诱导指示牌等方式，向社会公众提供停车场位置、停车泊位剩余数量等信息服务。并鼓励停车场经营管理者采用智能化、信息化等手段进行停车管理。

（二）鼓励多种方式投资停车场建设

在停车场建设方面,《办法》鼓励在符合规划、环保、消防安全和特种设备安全的前提下，因地制宜建设立体式停车场和综合利用地下空间建设停车场。鼓励单位和个人采取多种方式投资建设和开办公共停车场，市、区人民政府还会给予一定奖励。

在停车场建设用地方面,《办法》规定，对政府储备和闲置期超过一年的待建土地，符合有关临时停车场建设条件且周边存在停车需求的，土地使用权人根据有关要求，可以设置临时停车场。

（三）道路泊位管理逐步市场化恶意逃费可限制驶离

《办法》提到，道路临时停车泊位管养作业服务，应当逐步推行市场化，采取招标、拍卖等方式决定管养单位。

机动车驾驶人不按照规定缴纳停车费的，停车场经营管理者可以在其补交费用之前，拒绝为其提供停车服务；对于拒绝交费并强行停放的车辆，可以在其补交费用之前采取限制驶离的措施，并及时向有关部门报告。

停车场经营管理者可以将恶意逃避缴费车辆信息，报请市停车设施管理机构纳入车主个人信用记录，并向社会公开。

（四）停车收费按区域差别制定

《办法》规定，停车收费按照城市中心区域高于非中心区域、道路高于非道路、白天高于夜间、长时间高于短时间、大型车高于小型车的原则，对不同地段、不同停车时间制定差异化收费标准，引导车辆在非中心区、非道路规定的地点停放，合理疏导交通流量，畅通道路交通。具体标准由市价格行政主管部门会同市城市管理、公安机关交通管理部门制定，报市人民政府批准后实施。

位于主城外围的城市交通枢纽、城市轨道交通换乘中心停车场实行优惠收费政策。

公共停车场经营管理者应当按照有关规定，持市停车设施管理机构出具的备案证明和相关材料，到价格行政主管部门办理价格核定等手续。

三、杭州市

杭州市出台了《杭州市机动车停车场（库）建设和管理办法》，《办法》提出，公共停车场的使用和道路停车泊位的使用，应遵循“先到达、先使用”原则，不得以任何形式确定给特定单位或个人固定使用。

考虑到目前杭州主城区路外公共停车泊位约 1.1 万个，仅占公共停车泊位总数的 19%，而路内画线停车泊位达到 4.7 万个，占公共停车泊位总数的 81%，远超 20% 至 30% 的合理比例，路外与路内公共停车泊位比例倒置，使大量本应用于行车的有限道路资源被用于停车，直接导致道路通行能力下降约 20%，《办法》提出，已设置的道路停车泊位，对行人车辆通行造成较大影响的，或者道路周边的停车场能够满足停车需求的，都应予以撤除。

为进一步促进杭州机动车停车场（库）规划、建设，规范停车场（库）管理，缓解“停车难”，《办法》特别提出鼓励社会力量投资建设公共停车场，并制定税收减免、政府补助等相关优惠政策。通过立体停车、地下停车等多种方式增加停车场供应，并结合城市轨道交通线网及公交枢纽设置停车换乘设施。在停车供需矛盾突出的区域，有关单位和个人可以利用待建土地、空闲厂区、开放式场地等场所设置临时停车场。

四、厦门市

厦门市出台了《关于加强停车场建设和管理的实施意见》，《实施意见》要求：市建设、规划、公安交通、国土房产、价格管理等部门，根据厦门城市总体规划和城市交通综合交通体系规划，遵循布局合理、节约集约用地的原则，完善本市停车场专项规划。目前，专项规划已启动，重点规划岛内停车难的老城区。

为了鼓励公共停车场建设，采取多渠道保障用地，财政投资或政府委托国企投资单独兴建的，采用划拨方式供地，免征城市基础设施配套费；社会力量投资单独兴建的，像建商品房一样，采用招标、拍卖、挂牌方式取得用地，底价予以适当优惠。

另外，允许企事业单位利用红线内的空地、厂房、仓库等自有建设用地，配建、改建向社会开放的停车场，不收取增容涉及的土地出让金，还可参照“工业仓储项目自行改造”政策，拆除整栋建筑建停车场。

物业小区内停车位不够用的，在满足交通、消防和环境要求的前提下，经业主大会表决通过后，可将区域内道路及其他空置场地设置成临时停车场，或优化绿化模式，增加停车位。

对于社会力量投资建设公共停车场的，将给予财政资金补助。

根据《实施意见》要求，将充分发挥价格杠杆调节车位供需关系，合理配置停车资源。不同区域、时段，收费标准不同，比如地面高于地下、路内高于路外、白天高于夜间、中心城区高于非中心城区、商业区高于住宅区等，实施差异化收费标准。在智能化咪表服务未设置到位前，先实行人工收费，收支两条线管理，接受各级财政部门监督并定期向社会公布。

8.1.2 公共停车政策发展

目前国内公共停车的规划和推进建设是城市停车发展的难点，各城市应研究制定公共停车设施推进建设制度、规划建设用地供给、资金支持和政策扶持等保障机制及措施，并细化完善各方面扶持政策的细则。近年来，国内各大城市大力发展独立公共停车场（库）的建设，并出台了相关扶持补贴政策，用以弥补城市重点地区的停车缺口。独立公共停车场（库）的建设和运营需要大量的投资、用地以及审批方面的支持，在各大城市发展独立公共停车场（库）的同时，各地方也出台了相应的政策支持其独立公共停车场（库）的建设。

一、厦门

厦门市出台了七项用地政策，通过多渠道保障停车场建设用地供给。

一是财政投资或政府委托国有企业投资单独新建向社会公众开放停车场的项目用地，采用划拨方式供地，免征城市基础设施配套费。

二是社会力量投资单独新建向社会公众开放停车场的项目用地，采用招拍挂方式供地，底价给予适当优惠。

三是允许企事业单位等业主利用红线范围内的空地、厂房、仓库等自有用地配建、改建向社会公众开放的停车场，不改变原土地取得或批准方式，不再收取因改变用途或增容涉及的土地出让金等地价。

四是将整体建筑拆除重建为向社会公众开放停车场的，参照“工业仓储项目自行改造”政策办理用地功能变更并从原有用地中分割出来重新出让。

五是符合我市地下空间开发利用管理规定要求的，企事业单位可以申请租赁相邻的市政道路、公共绿地的地下空间使用权，用于建设地下停车场，土地租金按市政府制定的地价标准计收。

六是鼓励土地储备机构在不影响正常土地供应的前提下，利用政府储备用地建设向社会公众开放的临时停车场。

七是建设项目经规划批准后，物业管理区域内规划建设的停车场不能满足停车需求的，在符合规划，满足交通、消防和环境要求的前提下，经业主大会表决通过后，可将物业区域内的道路及其他空置场地设置成临时停车场。

二、天津

为缓解停车难，天津市国土房管局、市建交委、市规划局出台了《关于规范停车场(楼)项目建设和用地管理办法》。

《办法》适用于天津市行政区域内停车场(楼)项目的建设和用地管理。办法所称停车场(楼)，是指机动车停车场、停车库或停车楼等停车设施。临时停车场、占道停车场等不适用本办法。

根据《办法》，对于新建项目配套建设的停车场(楼)，利用地下空间建设的，土地供应方式按新建项目的土地用途确定。以出让方式供地的，其建筑面积不计入容积率，不收取土地出让金。对于已建项目需要扩建的停车场(楼)，以划拨方式供地的，停车场(楼)继续以划拨方式供地；以出让方式供地的，利用地下空间建设的停车场(楼)，其建筑面积不计入容积率，不收取土地出让金。

对于单独新建的停车场(楼)，利用地下空间单独新建停车场(楼)的，采取划拨方式供地，土地用途为道路广场用地，核发地下土地使用证。对于利用地上空间建设的停车场(楼)，包括新建项目配套建设的停车场(楼)、已建项目需要扩建的停车场(楼)及单独新建的停车场(楼)用地，按照停车场(楼)用途进行土地评估，土地出让金政府净收益按评估确认地价的1.5%计收。利用地下空间建设的停车场(楼)，若申请办理土地出让手续，土地出让金政府净收益按评估确认地价的0.5%计收。

停车场(楼)市政基础设施配套费按现行标准的50%计收，供电配套费用按照物价部门批准的收费标准执行。

三、杭州

杭州市江干区出台了鼓励社会力量兴建公共停车场办法，对符合条件的公共停车场给予地面泊位1000元/个、机械泊位奖励2000元/个的现金奖励。

8.1.3 深圳市停车政策发展案例

一、停车发展阶段

从国际大城市的停车发展历程来看，城市停车发展一般分为五个阶段，如图8–1所示。

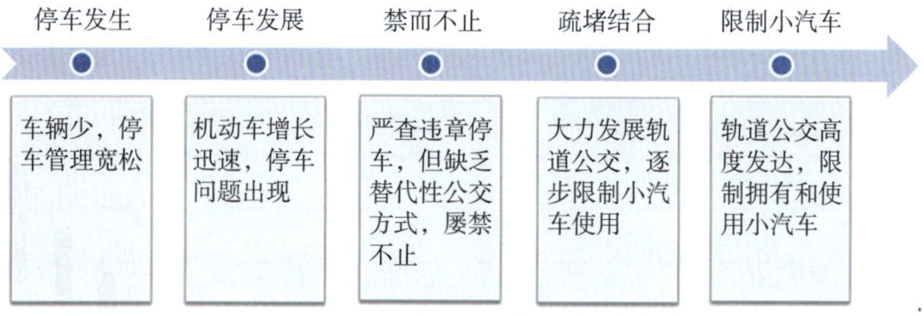

图 8–1 国际大城市停车发展阶段

对照国际停车发展规律，深圳的停车发展主要经历了前三个阶段：一、停车发生阶段：2001 年以前，千人拥车率仅为 20 辆左右，停车供需基本保持平衡，路边停车较少，停车管理宽松。二、停车发展阶段：2001—2003 年，千人拥车率达到 20 ～ 40 辆，停车供需矛盾开始出现，违章停车日渐增多，道路交通受到影响，中心区出现交通拥堵。三、禁而不止阶段：2004—2010 年，千人拥车率达到 40 辆以上，小汽车保有量急速增长，政府出台了相关停车政策，试图抑制小汽车的过快增长，但由于缺乏公交和轨道等替代方式，停车供需缺口仍不断扩大。2011 年，公共交通建设到达新时期，轨道交通网络化运营，停车正逐步

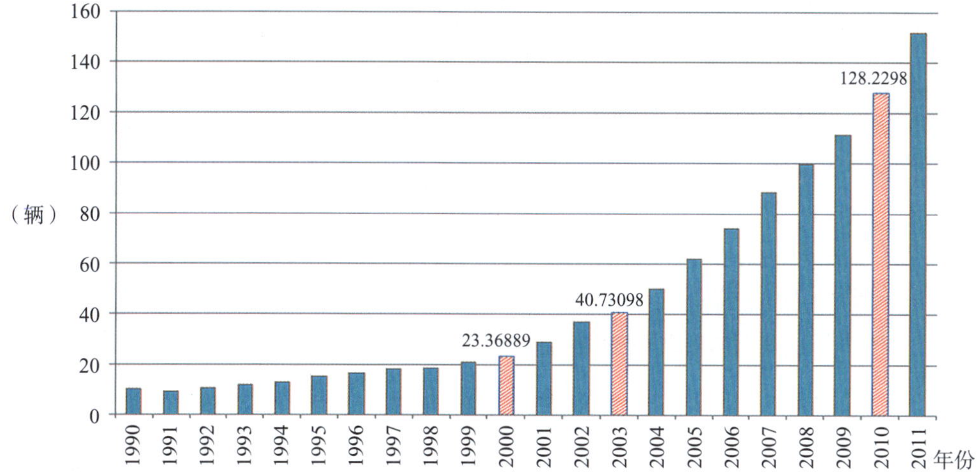

图 8–2 历年千人拥车水平

进入疏堵结合阶段，部分地区（中心城区）有条件直接进入限制小汽车的发展阶段。

二、停车政策发展

纵观深圳停车发展历程，城市停车问题的起源是停车供需失衡，其本质是停车政策没有跟上。

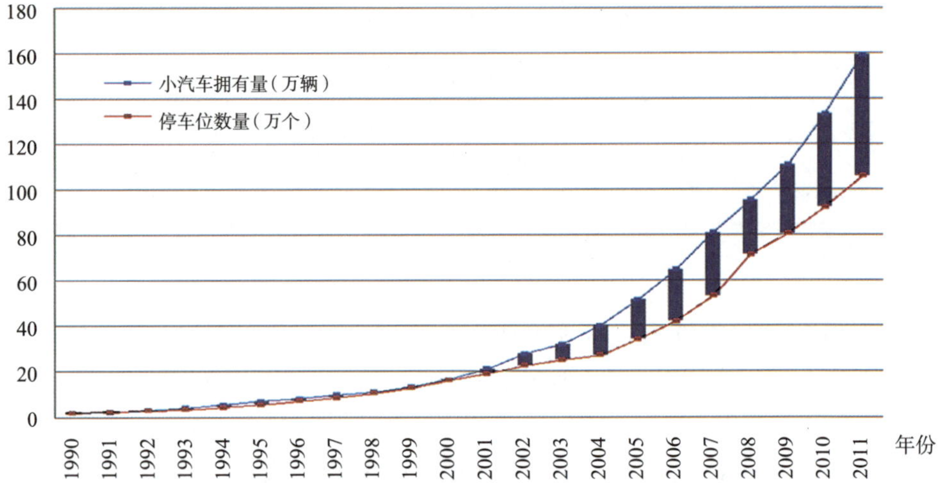

图 8–3　小汽车与停车位发展

（一）停车发生阶段：配建标准较高，停车供需基本平衡，路边停车管理严格

从 1980 年设立特区至 1997 年，这是深圳家庭拥有小汽车的初步发展阶段，住宅停车规划标准高于家庭拥车水平。该时期的车辆很少，停车供需基本平衡，路边停车现象初显。由于车辆少，停车没有引起重视，停车的规划管理较为宽松。1997 年至 2000 年，是小汽车稳步增长阶段。1997 年颁布的《深圳市城市规划标准与准则》（简称《深标》）对住宅停车规划标准进一步提高，与该时期的家庭拥车水平基本相适应。同年，引入咪表停车管理模式，以规范路边停车。

这个阶段的小汽车增长速度和停车位建设速度基本保持一致，停车压力还不明显。深圳开始探索停车的规划建设与经营管理，颁布了一些规定，但由于对停车认识不够，仅通过提高配建标准来适应小汽车增长，相关配套措施不够完善。

（二）停车发展阶段：配建标准跟不上需求，供需缺口拉大，停车问题缺乏政策指导

2001 年以后，深圳进入小汽车快速增长阶段，仅 3 年时间小汽车总量几乎翻了一番。家庭拥车水平的不断提高，使执行的住宅停车配建标准不再适用。另外，随着社会经济的快速发展，人们上班、办事、购物及休闲活动更倾向于使用

小汽车出行。尽管《深标》规定了办公商业的停车配建标准，但由于建设成本较高等原因，实际配建水平很低，难以满足停车需求，路边违章停车严重。

在这个阶段，相关部门试图通过提高收费来缓和小汽车增长，然而由于缺少明确的城市交通政策法规指导停车场建设，停车供需缺口仍不断拉大，各种深层次的停车问题开始出现。

（三）禁而不止阶段：小汽车没有得到有效控制，停车问题恶化，迫使停车政策变形

2004—2010 年是深圳停车问题的爆发期，同时是停车政策研究的起步阶段。“停车难”逐渐成为各界关注的焦点问题，政府部门认识到造成停车问题的原因绝不能简单归结为停车位供应不足，故于 2004 年首次提出规划、建设、管理和收费相协调的一体化停车政策。

停车配建标准和收费价格的提高，一定程度上缓解了拥堵区域的交通状况。然而，停车政策总体实施效果不理想，部分政策没有落实到位。在缺乏公共交通等替代方式的情况下、在汽车发展政策的影响下，小汽车以年均高达 20% 的速度增长，远高于停车位的增长速度，停车缺口进一步扩大。

（四）疏堵结合阶段：大力发展公共交通，多途径调控拥车与用车需求，实施难度大

面对日益严峻的停车形势，深圳于 2011 年编制完成了新一轮的停车发展策略，重点提出缓解居住停车问题的政策措施：以改善生活环境和保障消防安全为目的挖潜增加旧居住停车供应；通过提高配建标准、推动制定车位产权化和自备车位制度，实现新建居住“一位一车”平衡。

随着轨道二期的全面开通及轨道三期的开工建设，公共交通系统不断完善，深圳有条件采用有效的停车策略引导居民更多地选用公共交通出行，促进动静态交通平衡，逐步进入停车疏堵结合阶段，甚至提前进入限制小汽车的阶段。

三、问题与经验总结

（一）存在问题

（1）停车政策目标不明确。表现在两方面：一是政策措施在“鼓励”和“限制”汽车之间摆动；二是未形成一个与城市交通系统相适应的停车政策。

（2）停车政策缺乏系统性。表现在四方面：一、受外部宏观政策的影响较大；二、缺乏对其他交通系统的考虑；三、不同停车设施之间协调性差；四、政策措施之间的配套性不强。

（3）政府角色定位不清晰。表现在两方面：一是停车本身属性不清晰；二是政府与市场边界模糊。

（二）经验总结

（1）停车发生阶段是控制小汽车无序增长的最佳时期，应提前开展研究，适度超前规划；

（2）停车不应作为公共物品，政府应更多地调动社会和市场力量来平衡停车问题；

（3）停车是复杂的系统工程，应从经济、社会、环境、交通等多角度，制定系统的政策；

（4）有效停车政策的前提是对乱停车进行足够控制，应界定清楚空间秩序及责任权限。

8.2 居住区

居住区停车矛盾是城市停车供需不足的典型，北京、上海、广州等大城市居住区停车矛盾尤为突出，供需缺口大多超过 50%。

8.2.1 发展形势

以上海市为例，2013 年上海中心城居住类停车位 61.2 万个，夜间停车需 110.5 万个，缺口 49.3 万个，缺口比例 45%，缺口总量相对 2012 年增加 7.6 万个，增幅 19%。

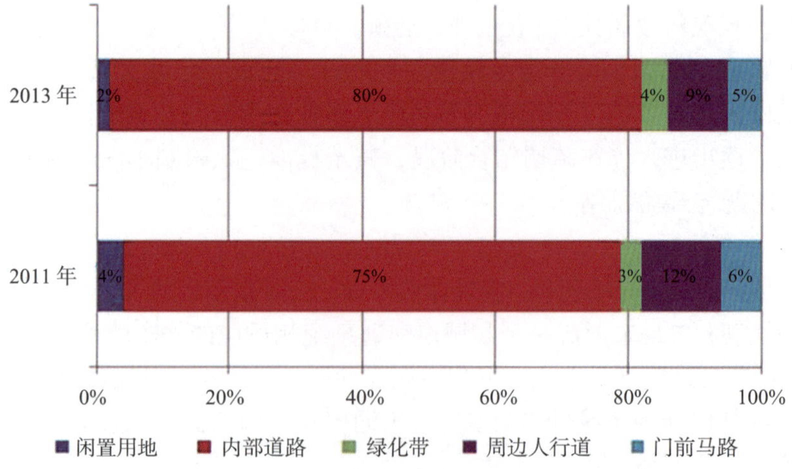

图 8–4　解决居住类停车缺口方式构成图

8.2.2 发展政策

一、上海

上海市政府已发布政府令，鼓励市、区政府因地制宜、多策并举，着力缓解当前突出的居住区“停车难”矛盾：

（1）在不影响小区安全，不占用小区消防通道、绿化设施的前提下，经业主大会同意，统筹利用小区的空余场地，通过内部改造挖潜，改建、扩建临时停车设施；

（2）规定公共场所内按标准配建的停车设施，昼夜 24 小时向社会开放，并可对仅夜间停车的居民停车给予优惠。由街道社区与周边相关机关、企事业单位和公共停车机构签订夜间停车管理协议，统一组织居民区车辆夜间错时利用停车设施，并落实所停车辆在工作时间驶离措施；

发挥道路停车联席会商机制作用，在不影响道路交通和治安管理的前提下，在小区周边道路设置夜间临时停车泊位，统一组织夜间临时停车，并落实所停车辆的日间驶离措施，确保白天交通通畅。

二、北京

市财政按照“以奖代补”的原则，2013 年从交通疏堵资金中预支 1.3 亿元奖励新增车位，每新增一个停车位给予 2000 元奖励。据悉，10 月 11 日市交通委运输局受理并完成了第一批 61 个居住区、8633 个机动车停车位新建项目审核工作。

三、扬州

扬州市针对当前矛盾比较突出的小区停车难问题，提出了 7 项举措，力图化解停车难的问题。这 7 条举措包括：

（1）各类新建住宅小区停车设施配建标准应严格按照相应的建筑面积与停车位比例规定执行，机动车（小汽车）停车位应基本在地下与半地下空间进行设置。

（2）老旧小区按照“三个一块”的原则（即小区内空地改造一块、小区外部有条件的新建一块、利用周边单位大院等社会资源进行夜间停车一块）增建小区停车设施，缓解停车难矛盾。2013 年各区（管委会）在辖区内选择一个小区试行。

（3）根据小区的具体情况，指导物业服务企业合理划定停车位，针对不同情况在小区内设置单行或双行车道、可停或禁停等交通标识，引导车辆按标识通行，确保小区内交通顺畅。

（4）调整地面、地下停车位收费价格差，利用价格杠杆作用提高地下汽车库的使用效率。

（5）住宅小区内的人防工程要开放使用，优先用于住宅小区业主停车。

（6）根据小区和周边道路情况，施划小区周边部分道路实行限时停放，用于小区夜间车辆临时停放。

（7）建设单位未出售或者为附赠的车位、车库，应当优先出租给本区域内业主，租金按照价格行政主管部门核定的标准执行；业主要求承租车位、车库的，建设单位不得只售不租。地下车库已经交付使用的，建设单位未出售、附赠或出租的，汽车停放费由建设单位全额支付给物业服务企业；业主拥有产权或租赁的，汽车停放费由业主支付给物业服务公司。

8.2.3 深圳华富北村片区停车改善案例

华富北村片区，位于深圳市中心城区内，是众多停车难老旧居住区之一。片区始建于1987年，建筑规模近19万平方米，共有2089户居民，拥车达到1000多辆，但小区内设置合法停车位仅有371个。可见，停车位供需缺口非常大，车辆只好利用小区路、空地、绿化，甚至消防通道夜间停放，由此带来很多不良后果：小区内交通堵塞、人行道和绿化被车辆损坏、人车冲突、消防隐患等。在不对片区拥车实施有效调控的情况下，片区停车状况将不断加剧。

图8–5 停车侵占小区公共空间

片区停车最本质的问题是供需矛盾，其产生的原因是：一方面对停车位缺口缺乏有效疏解，另一方面对停车需求缺乏有效调控。为实现停车位和车辆动态平衡，项目提出从“疏”和“堵”两个途径同时入手：通过内部挖潜、协议共享加强片区停车资源有效供给，有效疏解小区不合理停车；实行停车自治制度，调动业主自我管理、自我监督的积极性，保障公共空间不再被侵占。

一、内部挖潜增加停车位

利用小区内空间挖潜增加停车位是老旧小区增加车位最有效、最经济的途径之一。划设的前提是保障内部道路交通、人行畅通以及居住安全。通过实地调研，梳理出小区内满足要求的规范停车位约600个，包括小区地面停车场、地下停车场、利用建筑架空层、空地及小区路新增的停车位，车位的空间布局情况见图8–6。

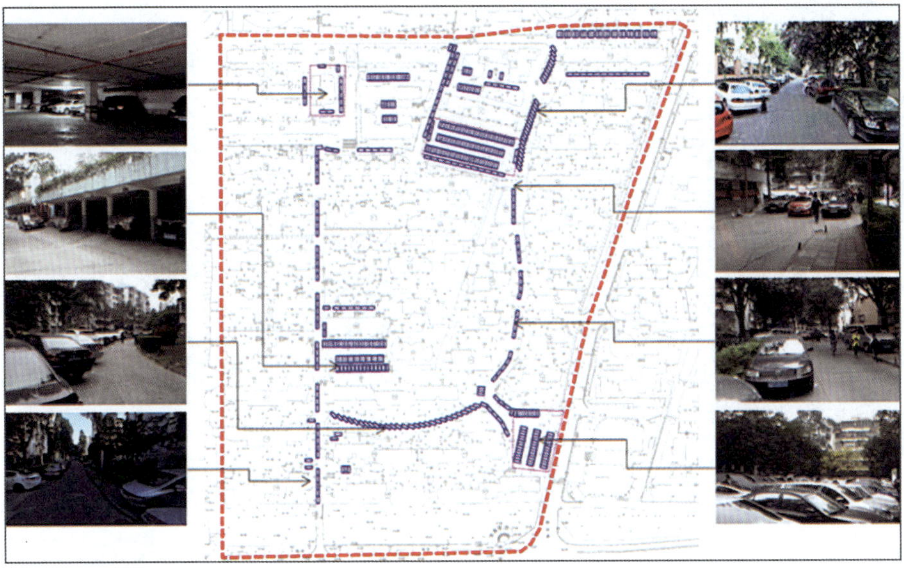

图 8–6 划设车位布局图

二、与周边停车场协议共享

由于小区内部空间有限，即使挖潜增加停车位仍不能完全满足小区的停车需求，需要从别的渠道增加供应。经调查，片区周边社会停车场夜间使用率并不高，通过与这些停车场协议夜间错时停车，可满足部分停车需求。综合考虑停车场的步行距离、停车高峰等因素，选取适合与小区共享车位的停车场。经与相关单位沟通，黄木岗网球中心可共享 200 个车位，笔架山公园可共享 60 个车位，市二医院可共享 200 个车位，合计共 460 个车位，基本解决小区停车缺口。

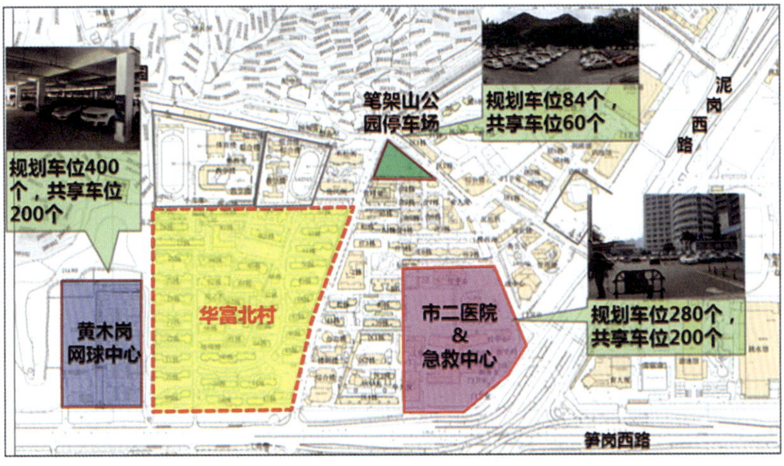

图 8–7 片区车位共享方案

三、实行社区停车自治制度

通过内部挖潜、错时停车等手段，可逐步缩小停车供需缺口。在停车供需矛盾得到有效缓解的前提下，同步规范小区停车管理规则，以保持停车供需平衡，即推行社区停车自治制度。具体做法是：在明确小区停车位权属归全体业主共有的前提下，首先由业主委员会组织召开业主大会，就小区停车基本原则达成共识（如优先满足一户一位、按划定车位停车、按车位数发放月卡、业主排队办理月卡等），并写入《业主管理规约》；其次业主委员会与物业约定小区停车管理责任（物业为停车秩序管理责任人，全体业主为停车管理的监督人；若物业违反规定，则需要承担相关责任），并将物业停车服务项目、服务质量标准、停车收益分配等事宜写入《物业管理服务合同》，保障双方的权利与义务。

四、案例总结

由于停车改善是一门复杂的系统工程，需多管齐下、多方合作。政府须认清其在居住停车问题上的职责，充分利用社会管理力量自我管理。政府真正要负责的是保障公共空间和消防安全，以及完善相关制度，让规划、交管、消防、基层政府、市民、物业等共同参与停车改善。

在华富北村的案例中，项目提出从环境出发，以改善居住区生活环境为目标，以管理居住区停车秩序为手段。增加停车设施的最终目的是清退居住区内的不合理停车，还居民一个安全、舒适、有序的生活环境。在改善方案中，项目组认为首先需充分利用现有资源，例如实行居住与办公的停车位错峰共享，可大大提高现有停车设施的时空利用效率，有效降低停车用地与资金需求。停车场错峰共享是众多停车难居住区可效仿的措施之一。另外，项目创新地引入“社区停车自治”的理念，充分调动业主及业主委员会的主观能动性，这比由相关部门施以强硬的处罚手段更直接、更有效。实行居住区“一位一车”，可有效抑制居住停车需求的无序增长，实现车位与车辆的平衡，进而促进城市交通有序发展。

8.3 市场化发展

2013 年，为适应城市机动化的发展，国内各大城市在停车收费管理、推动市场化发展方面都迈开了较大的步伐。

8.3.1 停车信息化发展

随着城市停车产业的发展，停车信息化的发展正处于起步阶段，大部分城市中心区的停车场建设已经接近饱和，依靠新建停车场解决停车难问题不够切合实际，为缓解城市停车资源建设缓慢与停车需求快速发展之间的尖锐矛盾，进而能够为交通信息与城市规划提供底层数据支持，促进动、静态交通的和谐发展，只能以现有停车资源合理利用为突破口，通过信息化手段共享停车资源信息，使之得以合理利用。

目前国内大多城市通过整合停车资源物联网为基础，北京、上海、南京、广州、厦门、重庆等城市纷纷借由互联网以及移动互联网为媒介，实现停车资源信息化多形式共享，让市民随时随地掌握停车场信息，并且引入车位预订、指数预报等理念，改变人们停车习惯，促使城市内所有停车场车位利用率趋于均衡，让驾车者停车时由被动寻找停车位转变为主动选择停车位。

表 8–1　我国典型城市停车信息化措施发展情况

城市	信息化措施
北京	1. 建设公主坟商圈停车诱导系统； 2. 前门地区启用智能停车系统
上海	1. 中心城停车诱导系统进一步扩大区域并升级； 2. 徐家汇商圈推出停车 APP 智能系统
南京	开展全市道路停车泊位管理智能化项目建设，构建全市停车管理服务平台，依托车辆智能卡和市民卡，实现停车泊位信息共享和诱导、停车费快捷支付、停车收费监督等功能
广州	开发停车 APP（手机应用软件），车主只要扫一扫车位边的二维码，取车时通过 APP 里的地图导引寻车
厦门	1. 厦门交警部门联合多部门推出停车公众服务系统。可通过电话或网络登录厦门市停车公众服务系统便能实时了解周边停车场地址、空位情况和收费标准等信息； 2. 研究编制《厦门经济特区机动车停车场管理条例（草案）》，提出建设智能停车系统以引导车辆停放
重庆	南岸将启动“智慧交通”工程，推进国家级物联网产业示范基地建设

8.3.2 南京市停车收费调整案例

为缓解市中心区“停车难”问题，南京市物价局会同公安、交通等部门联合制定了《南京市停车收费管理规定》（以下简称《规定》）。该《规定》于 2012 年 1 月 20 日由南京市物价局印发。《规定》分总则、停车收费管理、停车收费监督、法律责任、附则 5 章 23 条，自 2012 年 2 月 1 日起施行。

停车新政的总体思想可总结为“五高五低”，即：中心区域高于非中心区域、道路高于非道路、白天高于夜间、长时间高于短时间、大型车高于小型车的原则实行差别化定价。此外，对最核心区域内的道路停车泊位禁止计次收费，全部改为计时收费。

一、南京市公共停车场分级收费区域划分办法

根据交通和停车矛盾情况，南京市 2012 年停车收费按区域划分为三个等级(图 8–8)。

(一)一级区

新街口区域(华侨路、长江路、洪武北路、洪武南路、淮海路、石鼓路、螺丝转湾、汉中路、慈悲社所围合的区域内)；

夫子庙区域(平江府路、建康路、升州路、中华路、长乐路所围合的区域内)；

山西路区域(山西路、湖南路、中央路、中山北路、大方巷、江苏路所围合的区域内)。

(二)二级区

上述一级区域外，建宁路、北安门街、明故宫路、御道街、光华路、大明路、集合村路、应天大街、燕山路、江东门西街、江东中路、江东北路、三汊河桥、热河南路、热河路所围合的区域内，以及 4A 级旅游景点。

(三)三级区

上述一级、二级区域外，江南八区范围内。

图 8–8 南京市公共停车场分级收费一级、二级区域示意图

二、南京市各类停车场停放保管服务收费标准

同时制定了新的停车收费政策，白天和夜间的时段划分：白天时段为 8:00 至 20:00，其他时间为夜间时段。车辆进入停车场（处）15 分钟后开始计费（独立专业机械立体停车库除外）。

（一）计时收费

（1）白天时段以 15 分钟为计费单位（不足 15 分钟的按 15 分钟收费），连续累计计时收费；夜间时段以 1 小时为计费单位（不足 1 小时的按 1 小时收费），连续累计计时收费；

（2）白天时段连续停放超过 6 小时，不超过 12 小时（含 12 小时）的，一律按 6 小时收费（一级道路停车泊位除外）；

（3）停车时间横跨两个时段，按两个时段标准分别收费，不足一个计费单位的按一个计费单位收费；

（4）连续停放超过 24 小时的，超出的部分按上述（1）、（2）、（3）规定重新计时收费。

（二）计次收费

（1）按照白天和夜间时段的收费标准分别实行计次收费；

（2）停车时间横跨两个时段，其中有一个时段停放时间在 2 小时以内的（含 2 小时），按进入停车场时段的收费标准一次收费。

表 8–2　南京市停车收费标准表

项目 收费标准 类别等级			计次收费标准（元/次）		计时收费标准			包月收费（元/月）	
			白天时段	夜间时段	白天时段（元/15 分钟）		夜间时段（元/小时）	地铁（公交）换乘	商用业主
					首小时内	首小时后			
道路停车泊位	一级	小型车			2.5	3	0.5		
		大型车			3.5	4	1		
	二级	小型车	12	6	1	1.5	0.5		
		大型车	16	10	2	2.5	1		
	三级	小型车	8	6	0.5		0.5		
		大型车	12	10	1.5		1		

续表 8–2

项目 收费标准 类别等级			计次收费标准（元/次）		计时收费标准			包月收费（元/月）	
			白天时段	夜间时段	白天时段（元/15 分钟）		夜间时段（元/小时）	地铁（公交）换乘	商用业主
					首小时内	首小时后			
停车场	一级	小型车	12	6	1.5		0.5		600 ～ 800
		大型车	16	10	2.5		1		
	二级	小型车	10	6	1		0.5		400 ～ 600
		大型车	14	10	2		1		500 ～ 700
	三级	小型车	8	6	0.5		0.5	150	200 ～ 400
		大型车	12	10	1.5		1		400 ～ 600

备注：

1. 大型车：10 座（含 10 座）以上的客车，4.5 吨（含 4.5 吨）以上的货车；小型车：大型车以外的车辆。
2. 长度超过 12 米（含 12 米）的车辆停车费加收 50%。
3. 车辆进入停车场（处）15 分钟后开始计费（独立专业机械立体停车库除外），前 15 分钟不纳入计费时间。
4. 机场、火车站、5A 级旅游景点和其他特殊停车场按有关文件规定执行。
5. 白天时段为 8:00 至 20:00，其他时间为夜间时段。
6. 首小时指 0 ～ 60 分钟。

三、南京市分区差别化停车收费政策效果评析

为研究分区、差别化停车费率对停车需求的调控效果及其对市民出行行为的影响，对南京市 2012 年 2 月新出台的停车收费政策实施效果开展实证研究，通过问卷调查等方法，调查居民停车行为变化和出行意向，从停车位周转率变化、停车地点转移以及夜间停车场使用率变化三方面来考察政策的实施效果，并在此基础上分析政策对居民停车和出行行为影响的作用机制。

现场调查选取了市中心分属于一、二级收费区的 9 个路内、外停车场作为调查地点，问卷则主要调查新政各项细则对居民出行方式选择和停车行为的影响，采取随机抽样的方式向停车者发放调查问卷，并当场回收。调查时间分工作日和节假日。本次调查共发放问卷 400 份，回收有效问卷 340 份。

主要调研结论如下：

首先，中心区停车资源利用效率得到提高。新政实施后，无论是一级区还是二级区的停车场，日均周转率均有所提高（10% 以上），并且分区域差别化定价

有效引导了停车需求由路内向路外、由一级区向二级区转移（如位于二级区但紧邻一级区的新世界百货停车场工作日日均停车数量提高 22.40%），一级区停车难问题在并未大幅增加停车设施供给的前提下得到一定程度的缓解。分时段定价，降低夜间收费价格使得停车场夜间使用率有所提高，有利于鼓励夜间商业活动以及弥补市中心老旧小区停车位缺口。

第二，居民停车行为特征发生转变。新政实施后，居民的停车行为受到停车费调价影响，在停车地点选择上出现了两大趋势：一是从路内向附近路外停车场转移（占被调查对象的近六成），二是从一级区向临近二级区转移（占被调查对象的 1/3），这两大调查结果与停车场车辆停放数量变化相符。由于缩短计费单位，近 55% 居民表示在停车时间上会受其影响，月收入三千元至五千元的市民中有 64.04% 认为政策对停车时长的影响非常大。50.30% 的市民表示在短时停放时，会尽量在 15 分钟内离开，可见前 15 分钟免费停放的政策对提高车位周转率效果显著。总体上，受停车新政影响，居民的停放行为正朝向政策设定的目标改变，但意愿调查及停车费率敏感区间分析表明，新政下的停车费率尽管较以前有所提高，但并未能有效转变居民出行朝向公共交通的方式转变。

第九章　交通需求管理与信息化

9.0 引言

9.0.1 交通需求管理的必要性与思路

一、交通需求管理的必要性

交通拥堵问题已经成为城市发展的瓶颈和改善城市投资环境、提高市民生活质量的关键。产生交通拥堵的根本原因是交通供给和交通需求的不平衡。

解决交通拥堵问题的基本思路是：在加强交通基础设施建设的同时采取科学的交通需求管理对策，通过同时实施交通供给和交通需求两个方面的一揽子交通拥堵对策体系，实现交通供求关系的动态平衡。

交通需求管理是对交通需求特性的源头管理和引导。通过对交通需求管理，减少交通需求总量、缩短居民出行距离、调整交通结构等，从而降低道路交通负荷。

二、交通需求管理的思路

从城市交通需求产生机理可以看出，交通出行具有一定的弹性和可塑性，交通需求管理的主要出发点就是利用交通出行的这一特性，从交通需求的不同阶段、不同侧面采取对应策略，综合完成调整交通需求特性、改善交通系统运行效率、降低资源消耗和减少环境污染的管理目标。

9.0.2 交通需求管理的目标与手段

一、交通需求管理的目标

交通需求管理强调通过对交通需求特性的调整、交通选择行为的引导、道路交通量时间与空间分布特性的调节与管理，实现建设交通负荷小的城市、促进公共交通发展、降低道路交通负荷、强化步行与自行车等绿色交通方式广泛应用，实现环保节能、以人为本的绿色交通系统主导的目的。

二、交通需求管理的手段

(1)规划手段，即交通需求源头管理手段。从交通发生源角度，通过调整城市结构和土地使用形态，实现职住均衡、就近上下学、就近生活出行，从源头上减少交通总出行量、缩短交通出行距离。

（2）政策手段。通过对公共交通实施优先政策，提高公共交通的服务水平，从而提高公交分担率。

（3）经济手段。提高小汽车购买、拥有、使用成本，提高小汽车停车费，财政补贴公共交通等手段，达到适当抑制小汽车、促进公共交通优先发展的目的。

（4）行政手段。利用行政强制手段或交通管理、企事业单位管理手段等调整交通需求特性和交通出行者的选择行为，包括改变交通出行时间、出行路线等。

（5）科技手段。利用智能交通系统技术提供全方位的信息、进行交通诱导和交通控制、制订科学交通出行方案等。

（6）宣传教育手段。通过宣传教育，改变人们的不良出行习惯，自觉自愿低碳环保出行。

9.0.3 交通需求管理的主要内容构成

交通需求管理的主要内容构成包含以下五大方面：

（1）通过对交通需求源头调整，建设交通负荷小、绿色交通主导的城市。

（2）通过提高公共交通的服务水平，促进人们利用大容量、高效率的公共交通，形成合理的交通出行结构。

（3）通过对私家车的购买、保有、使用环节的系统对策，促进小汽车的合理使用。

（4）通过错时上下班、交通管制措施、智能交通手段等措施实现交通流时间分布的均匀化。

（5）通过提供信息服务、交通管制措施、智能交通手段等措施实现交通流空间分布的均匀化。

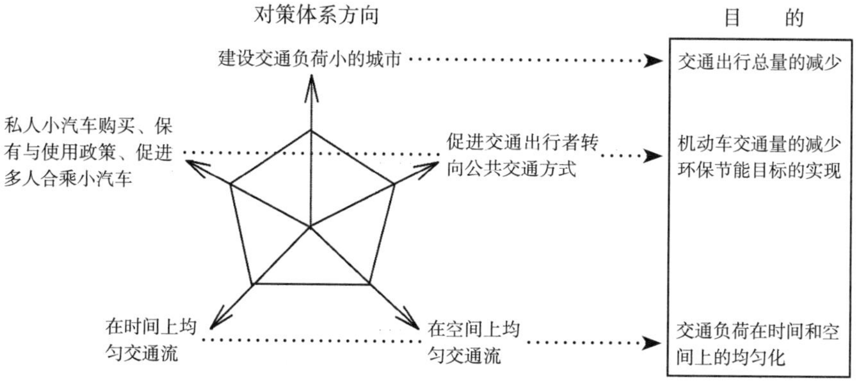

图 9–1　交通需求管理对策内容分类

9.1 私家车购买管理

汽车作为现代社会一种重要交通运输工具，确实为处在快节奏工作、学习和生活中的人们带来了诸多方便。截至2013年年底，全国机动车保有量已达2.5亿辆，其中汽车保有量1.37亿辆，年增长1651万辆，增长量超过1999年年底全国汽车保有总量，是2003年汽车数量的5.7倍，占全部机动车比率达到54.9%，比10年前提高了29.9%,31个大中城市汽车保有量超过百万。其中北京、天津、成都、深圳、上海、广州、苏州、杭州等8个城市汽车数量超过200万辆。然而，城市的快速机动化也带来了一系列的城市交通拥堵、环境污染等问题。因此，我们需在充分享受汽车带来的舒适方便的同时，对环境、对健康、对宜居以及对可持续的未来进行综合权衡，适时地实施机动车购买与使用管理，防止小汽车的过快增长带来的负面影响和苦恼。

9.1.1 购买管理方法

城市交通拥堵状况、环境污染程度、能源紧缺态势等是决定实施限购管理时机的主要依据。小汽车的拥有管理政策主要分为限额制度和税费政策两方面。其中限额制度包括摇号政策(北京)、车牌拍卖政策(上海)、拥车证(新加坡)以及其他(天津、广州，摇号与拍卖结合)。国内外的税费政策中主要有附加注册费(新加坡)、首次登记税(香港)和年度牌照费(香港)。国内限额制度方法应用的城市主要有:

一、摇号

北京市2011年开始施行摇号限购政策，拟从2014年开始实施新政，降低摇号指标，从24万减少到15万，其中新能源车的配比率将逐年增加，从最初的2万个增加到每年6万个，到2017年非能源车配比量仅为9万辆。

摇号对策注重了机会均等，强调了公平性，但是由于没有考虑需求的紧迫程度以及将个体交通工具利用者的环境负效应成本收回用于公共服务等其他因素，从经济学角度看，不是资源优化配置的最佳对策。

二、拍卖

上海市1994年开始推行车牌有底价、不公开拍卖政策。目前，上海每个月约拍出一万个车牌，均价超过8万元。通过总量控制、额度拍卖的方式来实施机动车规模控制，控制了上海机动车保有量的上升速度，避免了城市陷入过度拥堵的困境。额度拍卖政策与摇号政策不同，注重了资源的最佳配置和收取拍卖费用于公共服务，相对来说，是符合经济社会发展原理的有效对策。

三、摇号＋竞价

根据《天津市人民政府关于实行小客车总量调控管理的通告》，天津市从2013年12月16日0时起在全市实行小客车增量配额指标管理，增量指标必须通过摇号或竞价方式取得。

广州市2013年7月1日正式对中小型客车进行配额管理，每个月车牌总量为1万个，模式为“摇号＋竞价”的分配新模式，比例为1:5:4，即每个配置周期内，以摇号方式配置的节能车增量指标为1.2万个，以摇号方式配置的普通车增量指标为6万个，以竞价方式配置的普通车增量指标为4.8万个。

9.1.2 汽车租赁系统

国外发达的汽车租赁业务，大大方便了城市交通出行者紧迫的小汽车用车需求，起到了减少小汽车保有量和提高小汽车使用效率的作用，在当前强调小汽车保有和使用引导的情况下，是非常值得借鉴和鼓励发展的业务领域。

国内汽车租车市场正在蓬勃发展，神州租车、一嗨租车和至尊租车等企业均在积极推广汽车租赁系统，2013年杭州市力推“汽车分时租赁系统”，其“汽车分时租赁系统”网点已增至40余处，覆盖主城区，年底前还将增至150处，其系统网点延伸到了地铁城站、火车站附近，位置距离地铁城站C出口仅50m。未来，萧山机场租车点也将启用。“分时租赁”的功能将从上班族通勤发展到交通接驳、差旅短租等更广泛领域。

9.2 私家车使用管理

考虑到私家车的发展带来的社会问题，为了保持城市的生机和活力、蓝天白云和清新的空气，需要合理的引导和限制私家车的使用。主要管理方法包含高燃油附加税与碳税、拥挤收费、交通限制（限号、区域限制、车种限制、时间限制）、差别化停车收费、合乘车等。

一、制定空气重污染应急预案与交通限行联动措施

2013年1月1日起实施《北京市空气重污染日应急方案（暂行）》，将空气重污染日分为重度、严重、极重，分级采取相应的污染应对措施。比如AQI（空气污染指数）出现500以上的极重污染情况，本市将采取停驶30%公车在内的6项强制减排措施。

同年北京发布了《北京2013—2017年机动车排放污染控制工作方案》，主要思路是以改善空气质量为目的，以交通需求控制为切入点，继续优化交通出行方式，优先发展公共交通，加强机动车总量调控，减少中心城区机动车使用数量，

推动机动车结构优化调整，构建以集约化出行和清洁化车辆为特点的城市交通体系，促进空气质量显著改善和经济社会可持续发展。

二、加强环保立法严控机动车污染

全国人大将针对城市空气中主要污染物的总量控制、机动车污染防治等提出明确、讲求实效的应对措施，包括：一是加强环境保护的立法，包括修改和完善大气污染防治法和环境保护法等；二是加强对法律实施的监督和检查；三是要讲求实效，将环保成效和地方政府的考核挂钩、结合。对主要污染物的总量控制、机动车污染防治等要提出明确的应对措施，对跨行政区域污染加强联防联控等，希望采取多项措施，能够鼓励和引导企业防控污染，引导绿色消费。

三、北京小客车合乘

2013 年 12 月北京市交通委发布了《关于北京市小客车合乘出行的意见》（京交法发〔2013〕290 号）（以下简称《意见》），是国内首个规范小客车合乘出行的意见。提倡合乘各方通过签订合乘协议的方式明确出行线路、乘车地点、安全责任、费用分摊等各自权利义务，并在合乘前进行信息核实，确保行车规范和安全。

四、贵州鼓励出租车合乘

2013 年《贵州省城市公共交通条例》正式施行。按照规定，出租汽车驾驶员在征得乘客同意时可以拼客，计价模式是第一位乘客使用计价器，而第二位乘客采用议价方式。

五、尾号限行

2013 年年底全国共有 7 大城市实施尾号限行。2007 年 8 月北京开始实施机动车尾号限行措施，成为国内第一个通过采取尾号限行来治理交通拥堵的城市。此后，南昌、长春、兰州、贵阳、杭州、成都等城市先后实施尾号限行。

六、错峰限行措施

2013 年 3 月广州市正式公布《关于对非本市籍载客汽车采取交通管理措施的通告（征求意见稿）》。根据通行，广州市将对非本市籍载客汽车以分时段的方式采取指定“区域 + 路段”相结合的错峰限行措施。目前，国内实施机动车调控的北京市采用工作日高峰时段的区域限行模式，上海市采用工作日高峰时段的路段限行模式。广州市则将两者结合，即工作日高峰 7:00 ～ 9:00 和 17:00 ～ 19:00，禁止非本市籍载客汽车在指定“区域”通行；同时采取工作日 7:00 ～ 9:00 指定“路段”禁止非本市籍载客汽车通行。

七、拥堵收费研究

北京、上海、南京、杭州等政府陆续向公众透露了欲收取交通拥堵费的信息。北京市将在 2016 年制订交通拥堵收费方案。

八、小汽车“进京证”

北京市拟从 2014 年开始停办有效期为半年的长期进京证，只能办临时进京证（一种对外埠机动车辆进入北京市六环以内必须持有的临时有效证件），有效期为 7 天。（到期前一天，到期当天及到期后一天）可以到当地交警支队办理延期 5 天。12 天过后若仍需用进京证只能去进京的综合检查站重新办理 7 天的证件。

9.3 鼓励“公共交通 + 步行 + 自行车”绿色出行

“公共交通 + 步行 + 自行车”绿色出行是各城市在努力打造的交通出行模式，也是未来发展方向。

一、“公交都市”建设

2013 年，天津、保定、呼和浩特、沈阳、长春等 22 个城市成为公交都市建设示范工程第二批创建城市，力争用 5 ～ 8 年时间，确立公共交通在城市客运体系中的主导地位，按照交通运输部的标准，基本建成全省领先、全国一流的国家“公交都市”。

沈阳公交都市建设总体思路为以公交改革为引领，以体制机制创新为动力，以政府主导为保障，努力形成以轨道交通和现代有轨电车为骨干，常规公交为主体，末端交通为特色，一体化交通枢纽为纽带，全面建设“设施完善、服务优质、发展引领、管理规范、全域覆盖、市民满意”的多模式、一体化的现代公共交通体系，实现“便捷、安全、舒适、绿色、智慧、特色”的总体目标，把沈阳建设成为国内领先的“公交都市”示范城市。

二、株洲市政府反哺市民绿色出行

2013 年 1 月 1 日起正式实施《株洲市推进“1135”绿色出行试行办法》，根据规定株洲市每个月将分别给刷卡率最高的前 100 名自行车卡用户和公交车卡用户进行 100 元充值卡奖励，奖励资金将列入每一年的财政预算，由政府财政来反哺市民的绿色出行。其中“1135”绿色出行是指市直党政机关、事业单位及省属在株各单位普通公务用车每周工作日内停开 1 天，引导市民 1 公里以内步行、3 公里以内骑自行车、5 公里以内乘坐公共交通工具。

三、上海新辟 30 条“最后一公里”公交线路

2013 年上海市将按照远郊区公交“一区一骨干”目标，全力推进奉贤、青浦两区区域骨干公交属地化。进一步优化完善公交线网布局，力争年内优化调整公交线路 100 条，新辟“最后一公里”公交线路 30 条。全力推进大型居住社区公交配套设施建设，确保全市 15 个配套交通枢纽项目年底前竣工交付。

四、北京定制公交系统

定制公交逐渐得到各地政府的重视，已经规划或拟开展定制公交线路的城市包括北京市、沈阳市、济南市、青岛市、厦门市、南昌市等。

2013 年 9 月北京推出“定制公交”平台，可根据乘客的需求设定线路，人们可以在定制公交的网络平台上，选择车次和预订座位。定制公交的服务对象主要面向自驾车或乘坐出租汽车通勤出行的市民，提供低碳环保的通勤出行服务。北京定制公交首批推出中关村往返回龙观、昌平城区、燕郊，国贸往返管庄、果园、梨园、燕郊等区域的 24 条商务巴士，价格从 8 元至 32 元不等。同时上班族可到平台提出自己的出行需求，公交部门将根据这些需求开行“居住区—工作地”一站式的商务班车，保证一人一座。北京市定制公交的推出突破了传统公交固定线路的形式，得到了广泛的认同。

图 9–2　北京定制公交平台图

图 9–3　北京定制公交站点和车型

五、沈阳“绿色出行日”

从 2013 年 8 月 22 日开始，沈阳市将每月 22 日定为“绿色出行日”，旨在倡导市民少开车，采用步行、骑自行车、乘坐公共交通工具来参与“绿色出行”公益行动。沈阳市政府也号召政府公务车辆在“绿色出行日”率先垂范，每月 22 日减少公务车辆出行 50%。

六、广东试行自行车中短途快速路

2013 年广东省住房和城乡建设厅提出广东省将加大力度推进非机动车道绿色交通的发展，充分依托广东绿道网络体系，在城市建成区建设中短距离自行车快速路。在不断提升绿道非机动交通功能的同时，将自行车快速路网规划纳入已编制的《广东省慢行交通规划指引》《低碳生态城市建设专项规划指引》及各地市城市总体规划的交通体系，并鼓励有条件地区先行先试。

七、国务院《大气污染防治行动计划》

国务院以国发〔2013〕37 号文件的形式印发了《大气污染防治行动计划》。其中强化移动源污染防治是减少污染物排放的重要一环，包括加强城市交通管理、提升燃油品质、加快淘汰黄标车和老旧车辆、加强机动车环保管理、加快推进低速汽车升级换代和大力推广新能源汽车。

加强城市交通管理。优化城市功能和布局规划，推广智能交通管理，缓解城市交通拥堵。实施公交优先战略，提高公共交通出行比例，加强步行、自行车交通系统建设。根据城市发展规划，合理控制机动车保有量，北京、上海、广州等特大城市要严格限制机动车保有量。通过鼓励绿色出行、增加使用成本等措施，降低机动车使用强度。

大力推广新能源汽车。公交、环卫等行业和政府机关要率先使用新能源汽车，采取直接上牌、财政补贴等措施鼓励个人购买。北京、上海、广州等城市每年新增或更新的公共汽车中新能源和清洁燃料车的比例达到60%以上。

9.4 交通需求管理战略性对策——交通白皮书

越来越多的城市编制该市综合交通发展的全局性战略性政策文件——交通白皮书，它同时也是城市交通需求管理综合对策的纲领性文件。以上海市、佛山市为代表。

《上海市交通发展白皮书》新版（2013年版）强化了交通与城乡空间的统筹发展，强化了公共交通优先发展，更加注重小客车需求调控，更加注重绿色交通发展以及更加注重精细管理，提出未来10年，市民出行将实现“45-60-90”：中心城内居民上下班平均出行时间在45min以内；新城与中心城之间平均出行时间控制在60min以内；长三角主要城市与上海市中心城之间平均出行时间在90min以内，全市公共交通、步行、自行车等出行比例不低于80%。在加强对小客车的调控方面提出，要研究并适时出台小客车额度有期限使用、限制转让等政策措施；研究并适时出台长期在沪外省市号牌机动车的管理政策措施；根据道路拥堵情况和大气环境状况，研究区域或通道拥挤收费、车辆限行等交通需求管理政策。

《佛山市交通发展白皮书》明确提出交通需求调控系统对策：实施土地规划调控，鼓励兼容性的土地混合布局；实施停车调控，平衡车辆使用需求；实施错时调控，均衡道路交通流时间分布；实施区域调控，对高排放、高事故率、高空间占有率交通工具制定区域性调控措施；同时提出实施差别化供给交通设施，限制使用摩托车，以价格杠杆引导车辆合理使用，实施错峰上下班，保持路车协调发展。

9.5 交通需求的源头管理

交通出行需求主要分为上下班出行、上下学出行、生活出行三大类，从交通发生源角度来讲，形成合理的城市结构和用地形态，尽可能减少总交通出行量、缩短交通出行距离是解决城市交通问题的治本之策。

具体来讲，通过促进混合土地使用、混合建筑物类型等实现职住均衡，缩短通勤交通的出行距离，缓解上下班交通压力；通过合理规划设计学区通学道路系统和建立完善的中小学生上下学交通社会组织管理体系等以减少学区内接送孩子上下学导致严重交通拥堵的情况；通过完善社区公共与生活设施，打造生态城市单元，使得市民可以就近购物、就近活动等，从而减少长距离的生活出行。从交通发生源角度出发的交通拥堵对策、措施内容及其原理如图 9–4 所示。

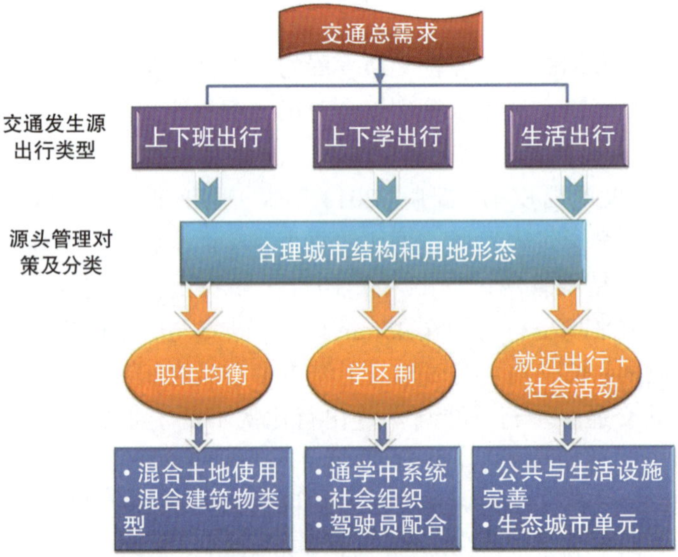

图 9–4　交通发生源对策类型

交通需求管理的源头管理对策如表 9–1 所示。

表 9–1　交通需求管理的源头管理对策的内容、目标与预期对策效果一览表

对策名称	对策主要内容与要点	对策目标与效果
混合土地使用	提供就近出行的工作生活条件，建设温馨宜居的城市环境	有效地减少居民出行需求总量，缩短居民出行距离，形成有利于绿色交通发展的交通需求特性
TOD 开发模式	实现交通与土地利用整合发展的途径与手段，核心主张是紧凑布局、混合使用的用地形态，提供良好的公共交通服务和绿色出行环境，提倡高强度开发	为利用公交提供方便条件；为步行及自行车交通提供良好的环境；公共设施及公共空间临近公交车站；营造绿色交通环境
就近上班对策	职住均衡，上班的地方要离居住的地方相对较近；提倡商业、办公、居住、休闲、交通等功能混合布置，规划区域内提供均衡的就业岗位与居住条件	减少通勤交通总量；缩短通勤交通距离；避免“钟摆式”交通
就近上学对策	严格实行学区制；建立学区通学道路系统，保证学生上下学安全；建立学生上学社会组织管理体系；实施教育资源均等化	减少接送学生交通，实现学生步行、自行车或公交方式独立上下学，缓解学校周边交通压力，减小家长接送孩子压力
就近购物对策	提供与住区配套的商业、超市和农贸市场，在住区附近完成全部购物活动	实现人们就近购物，减少机动化购物出行
就近活动对策	合理配置城市公共设施、城市医疗卫生、城市休闲健身功能、城市交流功能	实现人们就近活动，减少机动化出行次数和日常活动出行距离
构建生态城市单元	以 2 公里半径的圆形及 4 公里边长的矩形范围作为城市开发的基本单元，以交通枢纽为核心，提供步行自行车优先、公交系统方便、职住均衡、学校和商业配置齐全，有特色和魅力的生态城市单元。单元具有主体功能，形态和功能构成及文化上各具特色，由点单元、线单元、面单元和体单元等多种不同的生态城市单元构成	减少大规模长距离交通出行；创造生态宜居环境、推动绿色交通主导；提供市民交互的开敞空间，实现减少拥堵 / 环保节能的目的

9.6 智能交通与交通信息服务系统

9.6.1 智能交通在交通需求管理中的作用与发展趋势

智能交通在交通需求管理中发挥的作用主要体现在信息服务、提高道路通行能力和提高管理效率方面。其发展趋势体现在以下 5 个方面：

（1）智能公交进一步深化；

（2）多种出行方式协同和能效提升；
（3）出行便利化水平和信息服务水平进一步提高；
（4）服务范围更加细化、具体化；
（5）服务信息即时化、准确化。

9.6.2 公众出行手机应用系统发布

2013年“交通·杭州”公众出行手机应用系统试运行版本正式对外发布。这套系统整合了五位一体公交体系（包括公共汽车、公共自行车、地铁、水上巴士和出租汽车）、长途公共交通运输工具（包括班车、火车和航班）及个人自驾等各种出行方式。该系统共有15项主要功能，涵盖了线路站点、班线时刻、票价里程、换乘转乘、路径规划、实时路况等交通出行信息；除4个市区出行常用选项外，还包括地铁、水上巴士、长途客运、火车、公路费用、意见反馈等11个选项。

9.6.3 手机打车软件

2013年上海出租行业兴起一款“手机打车软件”，用户在网上下载软件后，输入起点和目的地，自愿选择“是否支付小费”，出租车司机则可根据线路、是否有小费等选择接受订单。

截至2013年5月7日，安卓平台上“滴滴”“快的”等11家主流应用商店的打车类软件客户端总体下载量已超过百万，用户主要集中在北上广等一线城市。由于打车市场的不规范，导致加价策略在某种程度上加剧了原有公共交通资源的分配矛盾，打乱了路边打车和应用订车的公平竞争环境，在一定程度上影响了此类打车软件的发展前景。

9.6.4 旅途智能信息“微出行”

广东移动充分利用移动云端数据分析能力、即时信息发布能力、综合信息服务能力，探索出助力公共交通管理效能提升、丰富旅途“微出行”体验、创新旅途贴心服务的一站式智能交通解决方案，让市民轻松安全、幸福出行。

借助无线宽带网络覆盖和云平台数据计算能力，广东移动在重要节假日会实时向政府部门提供高速公路、主要路段、交通枢纽、旅游热点的车流情况、人流情况、话务情况，并保持与省交通厅、通管局、应急办、公安厅交管局、交通集团等政府主导部门的双向信息互通渠道，以助力公共交通管理效能提升。

同时面向市民提供了“10086短信提醒、12580话务指引、无线城市车主高速频道”三大渠道，及时向市民发布节假日期间省内主要交通线路、旅游景点的实时交通公告、高速路况、路况视频等信息，方便市民提前查询、规划线路，错峰出行。据统计 2013 年春运及清明期间等重要节日期间，广东移动总共发送高速出行提醒短信 2.5 亿条，12580 高速公路信息查询次数超 25 万次，“无线城市车主高速频道”查询路况信息累计服务人次近 600 万。

第十章　学术研究公众参与

10.0 引言

城市交通规划的发展既要具有探索性的学术研究，也要政府的实践支持与公众的广泛参与，才能推动学科的不断发展，促进城市交通向更好的方向不断发展。

本章首先列举了与交通相关的杂志，分析了 2013 年国内交通领域学术研究的七大主要研究方向。从公众参与的角度，以“道路客运安全年”和“全国交通安全日”为例，总结了公众在城市交通改善与发展中做出的努力与实践。

这些理论研究对未来交通领域的发展有很好的参考价值，而一些城市的实践与尝试则为城市交通的发展积累了宝贵的经验，具有非常重要的意义。

10.1 学术研究

近年来，随着城市交通问题越来越受到各级政府和社会各界的广泛关注与重视，城市交通领域的相关研究也与城市交通的发展、人们的认知水平紧密联系在一起。以探索基础理论、技术方法的创新和应用为代表的学术论文，不仅记录了中国城市交通政策、规划、研究与实践的历程，同时也从社会、经济、环境等不同角度多层次地把城市交通领域的研究推向深入。

与交通相关的杂志主要有《城市车辆》《城市交通》《城市公共交通》《公路交通科技》《交通运输系统工程与信息》《交通企业管理》《交通标准化》《交通科技与经济》《交通与运输》《综合运输》《交通信息与安全》《城市轨道交通研究》《城市快速轨道》《铁道运输与经济》《中国公路学报》《交通与计算机》《铁道学报》等。

2013 年国内交通领域的学术研究主要集中在以下七个方面。

10.1.1 区域交通与空间结构

中国城市正由个体集中发展向城镇群一体化发展阶段演进，城镇群内交通联系特征也由此发生明显改变，因此，交通规划编制思路应进行相应调整。以株洲市城市综合交通体系规划为例，在长株潭城镇群一体化快速推进背景下，应立足区域视角统筹考虑株洲交通枢纽定位和重大交通设施布局。针对株洲市功能定位、交通设施布局和交通网络协调对接中面临的问题，提出组合、均衡、融合三大规划策略。

在城镇群一体化发展背景下，城市综合交通体系规划的编制呈现新的技术特点。首先，遵循“共建、组合”思想，在城镇群范围内考虑交通枢纽功能的有效分担，形成“组合型枢纽”。同时在一体化框架下，各个城市骨干交通网络的构建既要内外有别，又要内外衔接。其次，依照“多中心”的空间格局，打破重大交通设施在区域中心城市集中布局的“单中心”规划思路，从城镇群均衡发展的角度优化重大交通设施的布局。最后，需要兼顾“多专业”视角，不能仅从交通系统自身考虑问题，还要与城镇布局、城市空间结构、产业布局紧密结合，使交通规划方案更具合理性和说服力。

10.1.2 城市交通与土地使用

在规划路网限定的条件下，规划范围内路网所能承载的极限交通容量、各地块的最大开发强度有助于引导形成城市用地布局方案，并可根据开发强度分布确定城市中心区位置。由于城市用地布局与城市交通的关系是互动的，不是纯粹由一方来决定另一方的状态，因此，基于翔实的现状交通调查数据，以规划路网为对象，研究确定路网的剩余承载力；通过与不同用地布局方案下交通生成量的对比分析，优化并修正用地布局方案，使得规划区建成后，路网交通承载力能够满足交通需求。

利用路网承载力指标来引导城市土地利用的合理布局，可有效评价用地规划方案，并可直观地确定规划方案的调整方向和优化目标，使规划区建成后实现交通供给与交通需求的相对平衡。

10.1.3 绿色与健康交通

建设健康城市是面对城镇化给人类健康带来的挑战而倡导的行动战略，健康的交通系统是健康城市的基础支持性环境。对城市交通问题的审慎态度是基于短短一百多年城镇化和机动化进程对消耗大量的土地、能源，以及日益增加的交通拥堵与环境污染压力的反思。美国和欧洲是两种在机动化进程中采用了截然相反的城市交通发展模式案例，而未来中国城市交通问题的解决还是要回到解决交通、居住和产业这三者的匹配关系上。应该从交通对城市发展的作用、城市空间结构和交通的关联性、公交优先理念和城市道路网体系与功能方面出发，创建健康的城市交通系统。

在城市交通拥堵日趋严重的背景下，应该积极地、有所作为地去解决一些交通问题。面对目前中国城市交通问题的严重性，中央以及各级地方政府也在积极、努力地推进公交优先和拥堵治理工作。期望从制度层面上反思中国城市交通的问题，包括从政策、规划和立法等多方面去努力，创造健康的城市和健康的城市交通系统。

10.1.4 城市公共交通

为了深化对城市公共交通优先发展的认识，明确城市公共交通优先发展的战略、目标、体系、策略、途径等，由国家自然科学基金委员会立项，将“我国城市交通公交优先发展战略研究”确定为管理科学部主任基金应急研究项目。该项目组织了北京、上海、广州、深圳、杭州、南京、重庆等城市交通研究机构以及同济大学、清华大学、东南大学、北京工业大学等高校的研究人员共同参与完成。

城市公共交通优先发展是中国特色城镇化道路的应有内涵，是集约节约用地的有效措施，是实现国家能源战略的必然要求，是实施环境保护基本国策的重要内容，是构建和谐公平社会、改善民生的重要保障。该研究提出了中国城市公共交通优先发展的基本原则、目标体系及体系框架，并提出了战略实施建议，重点强调：1）城市公共交通优先发展要提升为国家的城市发展战略；2）应推动出台《城市公共交通优先发展促进法》，为公共交通优先发展战略的实施提供法律依据；3）应以城市规划推进和保障城市公共交通优先发展战略的实施；4）应因地制宜，加快解决当前存在的突出问题，包括公共交通特许经营与政府监管问题、公共交通票价与财政补贴关系问题、轨道交通投资与公共交通综合投资问题、出租汽车经营机制和政府管理相关问题、公共交通分担率和服务水平为主的城市公共交通优先发展评价指标问题等；5）应建立和完善相对独立的城市公共交通优先发展研究机构，为各级政府推进公共交通优先发展战略的实施提供技术支撑与服务。

10.1.5 城市对外交通

中国高铁枢纽设计工作普遍缺乏一个多方参与的协同机制，建筑师对于以交通功能为导向的枢纽设计缺乏经验，同时相关部门之间缺乏高效的沟通与协作。中国在高铁枢纽设计过程中面临诸多管理和技术挑战，应建立由业主、规划部门、建筑师、交通咨询顾问、运营管理者和投资商多方参与的协同机制。

中国高铁枢纽规划设计工作仍处于发展的初期阶段，而日本和欧洲国家由于高铁开通运营较早，因此在高铁枢纽设计方面具备更丰富的经验。中国一方面可以吸收国外已有的工程管理和设计技术方法，另一方面可以吸取国外理论研究和专业实践中的经验教训。针对以往项目在协同机制方面存在的问题来寻求新的解决方法，其挑战性也是显而易见的。从技术角度上，项目管理者应确保枢纽的“交通功能”得到严格保障，同时对交通咨询顾问的评估和优化建议给予充分的尊重。在全世界都在提倡低碳、绿色、可持续发展的大背景下，项目管理者应鼓励建筑师的“绿色建筑”理念，使“绿色建筑”理念不仅在方案中得到体现，还要在建设中落到实处。

中国在高铁枢纽大系统工程管理上积累的经验必定会对后续项目带来重大突破，还可以为美国等其他处于高铁枢纽规划阶段的国家提供经验借鉴。

10.1.6 城市交通政策

在当今中国人口基数、制度环境和社会环境下，大城市交通拥堵几乎不可避免。但其后果远比单纯的交通拥堵严重：1）能源消耗急剧上升可能导致严重的能源危机；2）环境恶化可能导致严重的公共健康问题；3）严重交通拥堵可能导致严重公共灾难事件。

中国大城市交通拥堵原因远比西方国家复杂：经济发展突破小汽车消费门槛；小汽车低成本拥有与使用；公共交通严重滞后；庞大的公车和准公车数量及其无节制使用；土地均质摊大饼高强度开发；城市功能布局失衡和严重职住分离；道路网结构严重失衡与布局残破；以车为本的路权分配与管理思维等。以上八大原因在当今中国制度环境、社会环境和舆论环境下没有一项容易解决。国际公认的公交都市如斯德哥尔摩、哥本哈根、库里蒂巴、新加坡、香港等，都并非人口超千万的特大城市，有的城市甚至不到200万人口，而且拥有良好的资源与生态环境条件，但是这些城市都采取了双重手段：一手抓公交优先，发展多元化高品质公共交通系统与服务；一手用高税费、高成本经济手段对小汽车拥有和使用实施严格管控。

中国的上海、北京、南京、深圳、广州等城市自新世纪以来，陆续研究制定和颁布出台了城市交通发展战略纲要或白皮书等城市交通纲领性政策文件，并以此为依据，优先发展公共交通，调控机动车交通，综合治理交通拥堵序列政策、措施与行动，均取得了阶段性成效。2013年6月，具有典型代表意义的全国首个地级市交通发展白皮书——《佛山市交通发展白皮书》也正式颁布出台，这标志着以顶层设计和政策导向为统领的城市与交通理性发展、科学发展之路径已经开始从一线特大城市向更多、更广泛的大中城市推进。

10.1.7 交通规划技术

手机作为一种理想的交通探测器，为居民出行信息分析提供了很好的技术选择。将手机数据映射至交通分析单元，并经信息预处理、匹配分析、交通模型分析处理、数据去噪、扩样等一系列海量数据运算处理，最终可获得居民出行特征数据。利用长期历史手机话单数据，可分析常住人口和就业人口分布、通勤出行特征、大区间 OD、特定区域出行特征、流动人口出行特征等。手机信令数据能够较完整地识别手机用户的出行轨迹，可进一步应用于分析城市人口时空动态分布、特定区域客流集散、查核线断面或关键通道客流、轨道交通客流特征、出行时耗、出行距离、出行强度、道路交通状态等。

基于手机数据的交通数据采集技术可作为传统方式的重要补充之一。一方面，手机数据应用于交通调查，可充分把握现状交通需求：现状常住人口与就业人口、流动人口分布；现状交通产生与吸引、分布、方式划分及分配；现状道路交通状态；现状出行时耗、出行距离、出行强度等。另一方面，手机数据可应用于交通规划，改善交通需求预测分析的可靠性：利用历史与现状交通供需数据，结合未来人口、经济水平等，预测规划年出行需求；或是用于交通规划后评估、模型参数校正等，从而真正实现交通规划的模型化、定量化与科学化。目前中国手机用户总数已突破 10 亿人，占总人口的比例超过 75%，在城镇人口中的比例超过 85%。手机移动网络基本实现有人或道路的区域全覆盖，而居民出行及道路设施正是交通需求与供给的主体，手机技术在这两个方面都与交通调查及规划有很好的契合点，可以预见，手机技术在交通调查中具有非常广阔的应用前景。

城市交通规划的发展既要具有探索性的学术研究，也要政府的实践支持与公众的广泛参与，才能推动学科的不断发展，促进城市交通向更好的方向不断发展。

10.2 公众参与

一、继续开展“道路客运安全年”活动

为进一步贯彻落实《国务院关于加强道路交通安全工作的意见》精神，深入扎实开展“安全生产年”“平安交通”活动，夯实道路客运安全基础，坚决遏制重大、特大道路交通事故的发生，交通运输部、公安部、国家安全监管总局在 2013 年继续联合开展了“道路客运安全年”活动。活动进一步深化驾驶人素质教育工程；进一步推进客运企业安全管理标准化建设；进一步加强道路运输车辆动态监管；积极推进长途客运接驳运输试点；进一步深化“安全带—生命带”活动；

强化包车客运管理；进一步规范客运站安全管理；严管客运车辆严重交通违法行为；建立客运车辆较大道路交通事故调查处理和挂牌督办机制。

二、122“全国交通安全日”主题活动

2013年12月2日是第二个“全国交通安全日”。公安部、中央文明办、教育部、司法部、交通运输部、国家安全监管总局联合下发了《关于大力开展“全国交通安全日”主题活动的通知》，紧扣今年全国交通安全日“摒弃交通陋习，安全文明出行”的主题，开展系列活动。

主要参考文献

第一章

[1] 深圳市绿色交通发展策略研究 . 深圳市交通运输委员会立项课题，2013.

[2] 国务院 . 大气污染防治行动计划 . 2013.9.

[3] 北京市人民政府 . 北京市 2013—2017 年清洁空气行动计划 . 2013.9.

[4] 国务院 . 全国资源型城市可持续发展规划（2013—2020）. 2013.12.

[5] 国务院 . 关于加强城市基础设施建设的意见 .2013.9.

[6] 国家发改委 . 促进综合交通枢纽发展的指导意见 .2013.3.

[7] 国家发改委 . 全国物流园区发展规划 .2013.9.

[8] 工业和信息化部 . 信息化发展规划 . 2013.9.

[9] 交通运输部 . 关于加强交通运输标准化工作的意见 .2013.10.

[10] 冉斌等 . 大数据环境下手机定位数据在城市规划中实践 . 2013 中国城市规划年会论文集，2013.11.

[11] 上海市交通发展白皮书（公示稿）. 2013.8.

第四章

[1] 杨传堂 . 在 2014 年全国交通运输工作会议上的讲话 . 2013 年 12 月 27 日 .

[2] 交通运输部综合规划司 . 2013 年交通运输行业发展统计公报 . 2014 年 5 月 13 日 .

[3] 国家统计局 . 中华人民共和国 2013 年国民经济和社会发展统计公报 . 2014 年 2 月 24 日 .

[4] 国家发展改革委 . 国家公路网规划（2013—2030 年）. 2013 年 5 月 24 日印发 .

[5] 国家铁路局 . 2013 年铁道统计公报 . 2014 年 4 月 10 日 .

[6] 中共中央、国务院 . 国家新型城镇化规划（2014—2020 年）. 2014 年 3 月 16 日 .

[7] 中国民航局 . 2013 年全国机场生产统计公报 . 2014 年 3 月 24 日 .

[8] 国家发展改革委 . 关于印发苏南现代化建设示范区规划的通知 . 2013 年 4 月 25 日 .

[9] 中国交通新闻网 . 交通运输业经济统计专项调查主要数据公报 . 2014 年 8 月 21 日 .

第五章

[1] 国务院关于城市优先发展公共交通的指导意见 . 国发〔2012〕64 号 .

[2] 交通运输部 . 2013 年交通运输行业发展统计公报 . 2014 年 5 月 13 日 .

[3] 交通运输部 . 交通运输部关于公布公交都市建设示范工程第二批创建城市的通知 . 2013 年 11 月 22 日 .

[4]（快报）2013 年我国城轨交通建设运营情况 . 中国城市轨道交通协会第 1 期（总第 7 期），2014 年 1 月 2 日 .

[5] 中国情报网 . 2007—2013 年中国城市轨道交通运营里程增长趋势 .

[6] 国务院 .“十二五”规划纲要 . 2011 年 3 月 .

[7] 国家发展改革委 .“十二五”综合交通运输体系规划 . 2012 年 7 月 .

[8] 上海市规划院交通分院 . 松江区现代有轨电车网络规划（2013—2020 年）. 2013 年 7 月 .

[9]《交通年报》编委会 . 重庆市主城区交通发展年度报告（2013）. 2014 年 5 月 .

[10] 杭州政府门户网站 . 杭州城市轨道交通近期建设规划（2013—2019）. 2013 年 6 月 27 日 .

[11] 宁波日报 . 宁波慢行交通网初步形成 1.5 万公共自行车投放完毕 .2013 年 12 月 30 日 .

[12] 中国宁波网 . 宁波公共自行车租用服务收费标准已出台 . 2013 年 9 月 12 日 .

[13] 宁波日报 . 宁波首个公共自行车租赁点开建首批建 300 个网点 . 2013 年 8 月 9 日 .

[14] 新民网 . 缓解陆路交通拥堵厦门提出发展海上公交构想 . 2013 年 11 月 7 日 .

[15] 齐鲁晚报 . 济南首开社区公交线破解“最后一公里”难题 . 2013 年 11 月 18 日 .

[16] 京华时报 . 北京市首批 24 条定制公交线路确定车费 8 至 32 元 . 2013 年 9 月 2 日 .

[17] 北京日报 . 北京市 18 条定制公交 10 月 8 日开通 . 10 月 8 日 .

[18] 王波．现代有轨电车系统分析与规划要点．都市快轨交通，2012 年 6 月．

第六章

[1] “十二五”综合交通运输体系规划．2012.

[2] 发改委．促进综合交通枢纽发展的指导意见．2013.

[3] 发改委．全国物流园区发展规划．2013.

[4] 广东省综合交通运输体系发展“十二五”规划．2012.

[5] 郑州市统计局．郑州市 2013 年国民经济和社会发展统计公报．2014.

[6] 訾海波．大型交通枢纽的规划典范——论上海虹桥综合交通枢纽规划设计．规划实践，2012.

[7] 王昊，殷广涛．试论中国大型高铁枢纽的发展趋势．城市建筑，2014.

[8] 马路阳，李晓峰．上海虹桥综合交通枢纽模式研究．郑州大学学报，2009.

第七章

[1] Ji, S.G., C. Cherry, et al. (2012) '*Electric Vehicle Emissions and Public Health Impacts in China*'. Environmental Science and Technology 46(4), 2018-2024. 5.

[2] Cherry, C. and R. Cervero (2007). '*Use Characteristics and Mode Choice Behavior ofElectric Bike Users in China*'. Transport Policy 14(3), 247-257.

[3] 侍黛．2013 年电动车政策回顾分析．行业探讨.2014 年第二期．

第十章

[1] 李长波．共建长株潭交通一体化——株洲市城市综合交通体系规划策略与实践 [J]. 城市交通，2013（6）：57-65.

[2] 吴炼，王婧，李锁平，吴新华．基于路网承载力分析的用地布局研究 [J]. 城市交通，2013（3）:34-41，46.

[3] 杨涛．健康交通与健康城市 [J]. 城市交通，2013（1）：1-4.

[4] 熊倩，李雪．高铁枢纽设计的协同机制 [J]. 城市交通，2013（6）：75-79，42.

[5] 冉斌．手机数据在交通调查和交通规划中的应用 [J]. 城市交通，2013（1）：72-81，32.

大事记

晓畅．2013 年交通大事记 [J]. 道路交通管理，2014（1）：10.

2013 年交通大事记

2013 年 3 月 1 日开始到年底，公安部交通管理局部署在全国开展道路交通信号和交通技术监控设备排查治理工作，重点解决群众反映突出的交通信号和技术监控设备设置不合理、不规范、不协调等问题。通过排查整治，摸清辖区内所有道路标志标线、交通信号灯、交通技术监控设备底数并全部登记建档，建立日常巡查、日常管理工作机制，实现城市道路交通标志标线、交通信号灯规范设置率达到 90% 以上，公路交通标志标线、交通信号灯的规范设置率达到 80% 以上，交通技术监控设备规范设置率、检定合格率达到 100%。

2013 年 6 月 24 日，在总结第一批 15 个“公交都市”建设的经验教训之后，交通运输部印发《公交都市考核评价指标体系》，我国公交都市建设正式有据可依。2013 年年底前，北京将研究完善并出台小客车分区域、分时段限行相关政策。市交通委、市交管局牵头研究制定扩大外埠车辆限行的范围和时间，力争 2014 年实施。

2013 年 6 月 26 日，为缓解交通拥堵、落实公交优先和节能减排政策、改善城市大气环境，广州市颁布《广州市中小客车总量调控管理办法》，对小客车实施车牌摇号制度，并于 7 月 1 日起开始实施。

2013 年 7 月 15 日，交通运输部颁布“关于推进公交都市创建工作有关事项的通知”，明确为公交都市城市给予政策支持。

2013 年 8 月 8 日，第二批公交都市申报启动，天津、上海等 22 个城市确定为“公交都市”。

2013 年 9 月 2 日上午，北京市环保局发布《北京市清洁空气行动计划（2013—2017 年）重点任务分解措施》，计划要求，市交通委和市环保局牵头规划低排放区，研究制定征收交通拥堵费政策。市交通委和市交管局牵头研究制定智能化车辆电子收费识别系统等配套政策。市交通委、市交管局、市城管执法局强化监管执法，落实区域差别化停车收费制度；不断完善差别化停车管理政策，适当扩大差别化停车收费区域范围，引导降低中心城区车辆使用强度。

2013 年 9 月 16 日，《国务院关于加强城市基础设施建设的意见》（国发〔2013〕

36号）在中国政府网发布。意见指出要加强城市步行和自行车交通系统建设。城市交通要树立行人优先的理念，改善居民出行环境，保障出行安全，倡导绿色出行。设市城市应建设城市步行、自行车“绿道”，加强行人过街设施、自行车停车设施、道路林荫绿化、照明等设施建设，切实转变过度依赖小汽车出行的交通发展模式。

2013年12月2日是第二个“全国交通安全日”。公安部、中央文明办、教育部、司法部、交通运输部、国家安全监管总局联合下发了《关于大力开展“全国交通安全日”主题活动的通知》，紧扣今年全国交通安全日“摒弃交通陋习，安全文明出行”的主题，开展系列活动。

2013年12月15日晚天津市政府正式召开发布会向全市宣布自12月16日零时开始天津实施无偿摇号与有偿竞价相结合的限牌措施。全市机关、事业单位不再新增公务用车。天津市同时还规定，2014年3月1日开始实施限行措施，每日和每周限行的尾号与北京一致。具体限行时间及区域为，外环线（不含）以内每周5个工作日每日7时至17时，按牌照尾号限行2个尾号。外地车实行工作日7时至9时和16时至19时禁止在外环线（不含）以内行驶。

致 谢

此次《中国城市交通规划发展报告(2013)》撰写完成，感谢全国交通规划行业的大力支持，特别要感谢本次年报相关章节撰写单位以及提供相关材料的单位，包括：中国城市规划研究院，清华大学，同济大学，上海同济城市规划设计研究院，南京交通规划研究所，上海市综合交通规划研究所，重庆市交通规划研究院，山西省交通规划院，黄浦区规划局，深圳市规划国土发展研究中心，深圳交通中心等。

参编人员名单：

第一章　殷广涛　盛志前
第二章　杨　涛　钱林波　於　昊　杨　明　何小洲　毕晓萤
第三章　王江燕　傅　彦　王　蕾
第四章　毛其智　崔　毅　沈俊逸
第五章　殷广涛　盛志前
第六章　殷广涛　盛志前　傅　彦
第七章　潘海啸　傅　彦　魏川登　何学源　张铁楠　孙永海
　　　　周　军　梁对对　郑伶俐
第八章　薛美根　施文俊　张　宇　李　铭　孙永海　周　军　梁倩玉
第九章　陆化普　张永波　黄亚丽
第十章　潘海啸　王一澍　脱建艺